Eine erkannte Gefahr ist bekanntlich eine halbe Gefahr.
Aber: Erkennen braucht Wissen!

lawine.

Die entscheidenden Probleme und Gefahrenmuster erkennen
Das Standardwerk zur Schnee- und Lawinenkunde von Rudi Mair und Patrick Nairz

Tyrolia-Verlag · Innsbruck-Wien

Impressum

Alle Angaben in diesem Buch wurden sorgfältig recherchiert und erfolgen nach bestem Wissen und Gewissen der Autoren. Die Benutzung dieses Buches geschieht auf eigenes Risiko. Eine Haftung für etwaige Unfälle und Schäden wird aus keinem Rechtsgrund übernommen.

8. aktualisierte Auflage 2022 © Verlagsanstalt Tyrolia, Innsbruck
Grafische Gestaltung. grafische auseinandersetzung, christine brandmaier, 6410 telfs
Cover. Lawinenabgang Mutterberger Seespitze vom 4. 4. 2006
Illustrationen. Lisa Manneh, nach Vorlagen von Rudi Mair und Patrick Nairz
Fotos. Patrick Nairz, Rudi Mair, N. N. (Seiten 4, 5), Thomas Ebert (Seite 7), Alpinpolizei (Seiten 57, 71, 72, 73, 87, 88, 101, 113, 167, 229), Josef Probst (Seite 83), LWD Bayern (Seite 185), BR Lienz (Seite 97), Reinhold Oblak (Seiten 191, 192, 193), Lukas Ruetz (Seite 195), Robert Aichholzer (Seite 227)
Druck und Bindung. Alcione, Lavis (I)
ISBN. 978-3-7022-3504-8
E-Mail. buchverlag@tyrolia.at
Internet. www.tyrolia-verlag.at

Dieses Buch wurde mit Farben auf Pflanzenölbasis, Klebestoffe ohne Lösungsmittel und Drucklacke auf Wasserbasis auf FSC-zertifiziertem Papier produziert. FSC (Forest Stewardship Council) ist eine internationale Non-Profit-Organisation, die sich für eine ökologische und sozialverantwortliche Nutzung der Wälder unserer Erde einsetzt.

inhalt

Vorwort	6
Erfahrungen & Entwicklungen	8
Grundlagen	16
Statistik & Konsequenzen für die Praxis	38

Die 5 Lawinenprobleme
Neuschnee	44
Triebschnee	46
Altschnee	48
Nassschnee	50
Gleitschnee	52

Die 10 entscheidenden Gefahrenmuster
gm.1 bodennahe schwachschicht	54
gm.2 gleitschnee	68
gm.3 regen	84
gm.4 kalt auf warm / warm auf kalt	98
gm.5 schnee nach langer kälteperiode	114
gm.6 lockerer schnee und wind	134
gm.7 schneearm neben schneereich	154
gm.8 eingeschneiter oberflächenreif	170
gm.9 eingeschneiter graupel	188
gm.10 frühjahrssituation	204
happy end noch mal gut gegangen	224

vorwort.

Am 8. 4. 2009 unternimmt ein erfahrener Bergrettungsmann eine Skitour auf den knapp 3000 m hohen Zischgeles in den Stubaier Alpen. Nach einer sternenklaren Nacht ist die Schneedecke in den Morgenstunden hart gefroren. Ein Firnerlebnis par excellence sollte die Belohnung für den frühen Aufbruch sein. Die Abfahrt endet in einer Tragödie. Der Mann stirbt um 10:50 Uhr in einem selbst ausgelösten Schneebrett auf 2000 m Seehöhe.
Am 9. 4. 2007 – also fast auf den Tag genau zwei Jahre früher – beschließen sechs Skitourengeher um 11:20 Uhr an einem ebenso makellosen Frühlingstag, die unmittelbar daneben befindliche 40° steile, Richtung Osten ausgerichtete Rinne abzufahren. Drei Personen werden von einem Schneebrett mitgerissen. Ein junger Familienvater kann von seinen Kameraden aus 2,5 m Tiefe nur mehr tot geborgen werden.

Gleich vorweg: Es ist kein Zufall, dass beide Lawinenunfälle zu ähnlichen Zeiten an ähnlichen Orten (bei ähnlichen Bedingungen) passierten. Vielmehr lässt sich dahinter bei genauer Analyse ein System erkennen, das sich wie ein roter Faden durch die gesamte Schnee- und Lawinenkunde zieht. Ein System, das sich mit dem Überbegriff Muster umschreiben lässt und im vorliegenden Buch anhand zahlreicher Praxisbeispiele erklärt wird. Das Buch bündelt das Wissen aus 25 Jahren Unfallanalysen des Tiroler Lawinenwarndienstes (LWD Tirol). Der große Vorteil: Das vermittelte Wissen kann vom interessierten Wintersportler unmittelbar im Gelände angewandt werden und fördert das Verständnis komplexer Zusammenhänge in der Schnee- und Lawinenkunde.

Eine unfallfreie und erlebnisreiche Zeit im winterlichen Gelände wünschen
Patrick Nairz und Rudi Mair

erfahrungen & entwicklungen.

Als zu Winterbeginn 2010/11 unser Praxisbuch „lawine. Die 10 entscheidenden Gefahrenmuster erkennen" zum ersten Mal erschienen ist, war nicht abzusehen, dass es sich in kürzester Zeit zu einem Bestseller der Schnee- und Lawinenkunde entwickeln würde. Die darin eingeführten Gefahrenmuster gaben entscheidende Impulse für bahnbrechende Entwicklungen innerhalb der Lawinenwarndienste, alle mit demselben Ziel, dem Anwender ein praxisnahes, leicht verständliches Hilfsmittel zur besseren Beurteilung der Lawinengefahr in die Hand zu geben.

☐ **Weltweite Entwicklungen**

Ein Jahr nach der Einführung unserer 10 entscheidenden Gefahrenmuster tauchten dann nicht nur in den Lawinenvorhersagen der europäischen Lawinenwarndienste, sondern auch bei jenen der USA (Utah, Colorado) und von Kanada „typische Lawinensituationen", „Lawinenprobleme" bzw. „Gefahrenmuster" auf. Der Hintergrund war überall derselbe: Lawinenereignisse sind nichts Zufälliges. Sie lassen sich nach ihrer Ursache in Schemata einteilen, welche vom Nutzer leicht erfassbar sein sollten. Da es in den verschiedenen Ländern etwas unterschiedliche Lösungsansätze gab, galt es nun, innerhalb der Lawinenwarndienste ein einheitliches Konzept zu entwickeln. Nach ersten Bemühungen kam der entscheidende Impuls für einen gemeinsamen Weg innerhalb der europäischen Lawinenwarndienste von Kommunikationswissenschaftlern aus Slowenien. Sie hoben die Wichtigkeit des Denkens in Mustern hervor, wiesen aber gleichzeitig darauf hin, dass sich Lawinenwarndienste auf die Dar-

Lawinenprobleme und Gefahrenmuster stellen ein zusätzliches Hilfsmittel zur besseren Einschätzung der Lawinengefahr dar. Das Verhalten von Wintersportlern sollte dadurch positiv beeinflusst und Lawinenunfälle reduziert werden.

stellung des Wesentlichen, Offensichtlichen und für die breite Masse allgemein Verständlichen konzentrieren müssten. Details seien für Experten relevant und sollten nicht zu prominent angeführt werden. Zudem solle die Art der Kommunikation einheitlich sein, um den Nutzer nicht zu verwirren. Sie schlugen ein dreiteiliges Konzept zur Informationsweitergabe nach folgendem Schema vor:

Was ist das Problem?
Wo ist das Problem?
Warum besteht das Problem?

2017 haben sich die europäischen Lawinenwarndienste offiziell auf die Verwendung der 5 Lawinenprobleme „Neuschnee", „Triebschnee", „Altschnee", „Nassschnee" und optional „Gleitschnee" geeinigt. Zusätzlich ist es den Lawinenwarndiensten frei gestellt worden, Situationen mit geringer Lawinengefahr als „Günstige Situation" zu bezeichnen. Die 5 Lawinenprobleme sind vom Nutzer noch einfacher zu erfassen als die von uns herangezogenen 10 Gefahrenmuster und werden deshalb im Lawinenreport entsprechend prominenter präsentiert. Dabei ergänzen die Gefahrenmuster die Systematik der 5 Lawinenprobleme insofern, als jedem Problem ein oder mehrere Muster zugewiesen werden kann. Die 10 Gefahrenmuster gehen dabei mehr ins Detail und erklären die Vorgänge, die zu den Problemen führen (Warum besteht das Problem?). Der Nutzer erhält damit mehr und vertiefende Informationen über die derzeitig vorherrschende Lawinengefahr. Diese Information wird

probleme & gefahrenmuster.

Lawinenprobleme und Gefahrenmuster haben eines gemeinsam: Sie weisen auf typische, sich wiederholende und meist offensichtliche Gefahrensituationen hin. Der Unterschied liegt in der Betrachtungsebene. Während Lawinenprobleme einen ersten groben Überblick über mögliche Gefahrenquellen (z. B. Neuschnee) geben, wird bei den Gefahrenmustern tiefer in die Materie eingetaucht und nach den Ursachen des Problems gesucht (z. B. Problem durch zu große Neuschneeauflast auf einer Schwachschicht). Gefahrenmuster beschreiben somit mögliche Szenarien bzw. Prozesse, die zu dem jeweiligen Lawinenproblem führen. Das Ziel ist klar: Gefahrensituationen sollen mit Hilfe der Lawinenprobleme und Gefahrenmuster rascher erkannt, das Verhalten entsprechend angepasst und dadurch Lawinenunfälle vermieden werden.

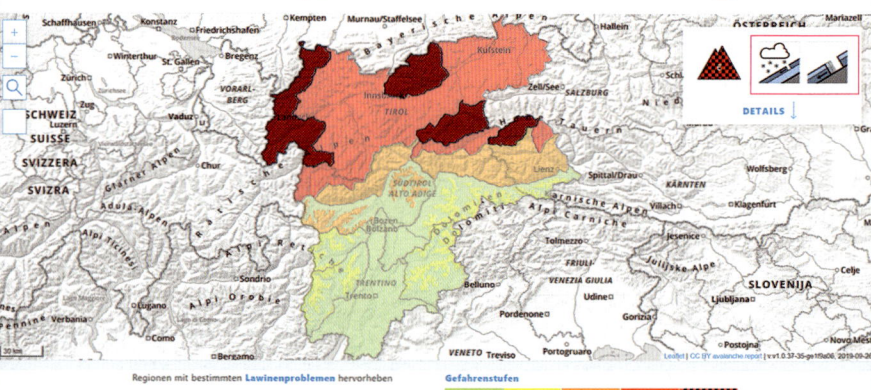

Europaweit einheitliche Struktur der Lawinenvorhersagen nach folgender Informationspyramide:

allerdings komplexer und setzt ständig zunehmendes Wissen voraus. Wesentliche Inhalte des LLB sollen rasch erkannt werden. Was ist das Problem? Wo tritt dieses auf? Warum gibt es das Problem? Letzterer Teil weist auf die aktuellen Gefahrenmuster hin. Inzwischen verwenden viele Lawinenwarndienste 5 Lawinenprobleme als erste Orientierungshilfe, während die 10 Gefahrenmuster dafür gedacht sind, detaillierteres Wissen zu vermitteln.

☐ **Erfahrungen mit dem grenzüberschreitenden Euregio-Lawinenreport**

Am 3. 12. 2018 fiel der Startschuss zum gemeinsamen Lawinenreport der Europaregion Tirol, Südtirol und Trentino. Es handelt sich dabei um ein bisher weltweit einzigartiges, allen Standards der europäischen Lawinenwarndienste entsprechendes Projekt. Es wurde von den Landeshauptleuten der Europaregion als „Leuchtturmprojekt" bezeichnet und mit dem österreichischen Verwaltungspreis ausgezeichnet. Nutznießer sind die User, die eine mehrsprachige, grenzüberschreitende Lawinenvorhersage in einem einheitlichen Erscheinungsbild erhalten. Das Kommunikationskonzept folgt dem Prinzip der Informationspyramide. Wesentliche, leicht erfassbare Inhalte werden für einen raschen Überblick vorangestellt. Komplexere Informationen erhält man bei einer vertiefenden Betrachtungsweise. Lawinenwarndienste arbeiten übrigens nach dem gegenläufigen Prinzip: Zahlreiche schnee- und lawinenrelevante Daten müssen zuerst analysiert werden, um daraus ein Bild des regionalen Schneedeckenaufbaus, der Gefahrenbeurteilung samt der zugrundeliegenden Gefahrenmuster und

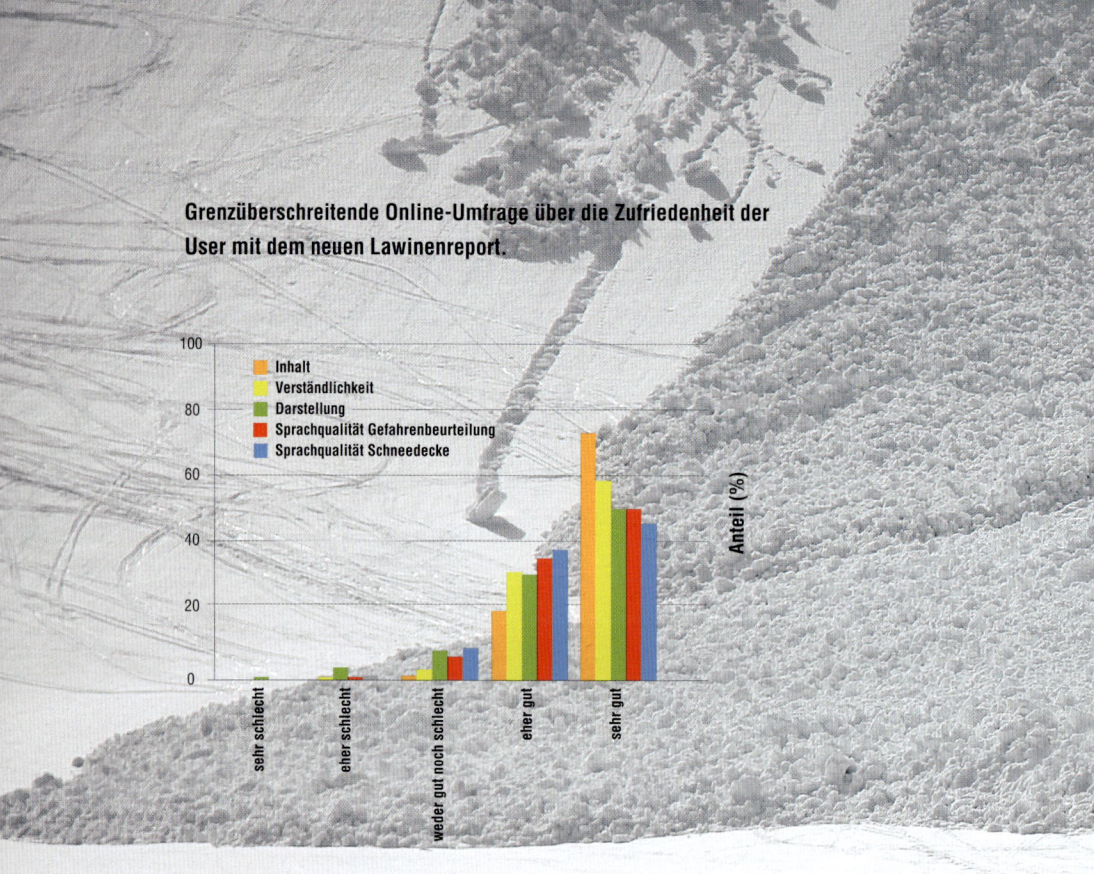

Grenzüberschreitende Online-Umfrage über die Zufriedenheit der User mit dem neuen Lawinenreport.

Probleme zu erlangen. Die Erfahrungen mit dem neuen Lawinenreport sind überwiegend sehr positiv. Dies zeigte unter anderem eine Ende der Wintersaison 2018/19 durchgeführte grenzüberschreitende Online-Umfrage mit 3555 auswertbaren Fragebögen.

Der Großteil der Teilnehmer bewertete den Lawinenreport als „sehr gut", insbesondere den Inhalt. Laut Teilnehmer trifft die Prognose an 85,9 % (Median 90 %) der Tage während einer Wintersaison zu. Interessant für uns sind auch die Ergebnisse zur Sprachqualität der beiden Textblöcke „Gefahrenbeurteilung" und „Schneedecke", die überwiegend als „sehr gut" bis „eher gut" eingestuft wurden. Wir freuen uns über dieses Ergebnis vor allem vor dem Hintergrund der erstmaligen Verwendung eines Satzkataloges mit vordefinierten Satzbausteinen.

In den Ergebnissen spiegelt sich auch die Struktur nach der Informationspyramide wider: Die meisten Teilnehmer kennen die einzelnen Teile des Lawinenreports „sehr genau" oder „genau". Die allgemeinen Informationen sind ihnen geläufiger als Details. Entsprechend war die Kenntnis der Gefahrenstufe bei 98,5 % „sehr gut" oder „eher gut" und jene zur Beschreibung des Schneedeckenaufbaus häufig „weniger genau".

Die positiven Erfahrungen sind uns auch zukünftig ein Ansporn, die „Erfolgsgeschichte" des gemeinsamen Lawinenreports der Europaregion Tirol, Südtirol und Trentino im Sinne der User weiterzuentwickeln und stetig zu verbessern. Es lohnt sich, die Informationen der Lawinenwarndienste in Anspruch zu nehmen! https://lawinen.report Europaweit: www.lawinen.org

☐ Struktur des Buches

Die vorliegende überarbeitete und ergänzte Auflage unseres Buches gliedert sich in die drei Hauptblöcke „Grundlagen", „Die 5 Lawinenprobleme" und „Die 10 entscheidenden Gefahrenmuster".

Bei den Grundlagen, welche auch schon im Einleitungsteil der vorangegangenen Auflagen erläutert wurden, konzentrieren wir uns auf die wesentlichen Punkte, die für ein besseres Verständnis des weiteren Inhalts unbedingt erforderlich sind. Neu hinzugekommen sind interessante statistische Auswertungen über die Verteilung der Gefahrenmuster und deren Zuordnung zu den Lawinenunfällen während der vergangenen fünf Jahre – ein wichtiger Impuls für die Lawinenausbildung.

Die zentralen Teile des Buches sind den 5 Lawinenproblemen und den 10 entscheidenden Gefahrenmustern (gm) gewidmet. Die einzelnen Gefahrenmuster werden in bewährter Form, jeweils anhand eines Theorie- sowie eines Praxisteiles, letzterer mit neuen Unfallanalysen, beschrieben.

grundlagen.

☐ **Warum dieses Buch?**

Jeden Winter aufs Neue stehen wir vor Schneelöchern, in denen kurz zuvor Menschen ihr Leben verloren haben. Unsere Aufgabe ist dabei die Unfallanalyse, welche wir häufig gemeinsam mit Alpinpolizisten durchführen. Diese Situationen stimmen immer wieder nachdenklich, noch viel mehr, wenn man erkennt, dass Menschen immer wieder in dieselben Fallen tappen. Im Laufe unserer jahrzehntelangen Erfahrung hat sich nämlich gezeigt, dass sich während verschiedener Winter nahezu idente Lawinensituationen ausbilden. Das Grundgerüst dazu liefert immer die Kombination aus dem jeweiligen Schneedeckenaufbau samt dem darauffolgenden Wetter, welches sich unmittelbar auf das Lawinengeschehen auswirkt. Erfahrenen Wintersportlern gelingt es, solche Lawinensituationen (oftmals unbewusst) aus ihrem reichen Erfahrungsschatz „abzurufen" und ihr Verhalten entsprechend anzupassen. Den meisten Wintersportlern fehlt jedoch ganz einfach die Zeit, intensiver in die Materie Schnee, Wetter und Lawinen einzutauchen. Sie sehen deshalb häufig nur eine verschneite Winterlandschaft, ohne die dahinter verborgenen Gefahren zu erkennen.

Was hilft, sind die seitens der Lawinenwarndienste ausgegebenen, regional gültigen Lawinengefahrenstufen. Damit lassen sich nicht nur die räumliche Verteilung von Gefahrenstellen im Gelände, sondern auch die für eine Lawinenauslösung notwendige Zusatzbelastung bzw. Aussagen über mögliche spontane Lawinenabgänge ableiten. Das System hat sich insbesondere auch in Zusammenhang mit der Anwendung von Risikostrategien (z. B. Reduktionsmethode, Stop or go und andere) bewährt.

Verschüttungsstelle

Gefahrenstufe		Schneedeckenstabilität
5 sehr groß		Die Schneedecke ist allgemein schwach verfestigt und weitgehend instabil.
4 groß		Die Schneedecke ist an den meisten Steilhängen* schwach verfestigt.
3 erheblich		Die Schneedecke ist an vielen Steilhängen* nur mäßig bis schwach verfestigt.
2 mäßig		Die Schneedecke ist an einigen Steilhängen* nur mäßig verfestigt, ansonsten allgemein gut verfestigt.
1 gering		Die Schneedecke ist allgemein gut verfestigt und stabil.

Dennoch wissen wir, dass Wintersportler mit der Interpretation der Gefahrenstufen trotz intensiver Aufklärungsarbeit mitunter immer noch Probleme haben. Dies hängt wohl auch damit zusammen, dass z. B. mit einer Stufe 3 (erheblich) nicht nur eine einzige, klar definierte Situation, sondern mehrere, zum Teil recht unterschiedliche Situationen – zwischen dem Nahbereich der Stufe 2 (mäßig) und jenem der Stufe 4 (groß) – beschrieben werden können.

Inzwischen präsentiert sich der Lawinenreport zwecks bestmöglicher Verständlichkeit in optimiertem Outfit. Wichtiges wird vorangestellt, Karten helfen, sich schnell einen Überblick zu verschaffen. Neue Medien mit topaktuellem Daten- und Bildmaterial unterstützen uns, unserem Grundsatz „Ein Bild sagt mehr als 1000 Worte" treu zu bleiben. Hier befinden wir uns auf einem sehr guten Weg. In der praktischen Schnee- und Lawinenkunde schlummert jedoch weiteres Potenzial, um unser Wissen rasch, verständlich und möglichst umfassend an den Wintersportler zu vermitteln. Deshalb sollen in diesem Buch die bereits erwähnten, regelmäßig wiederkehrenden Gefahrensituationen in Form von Lawinenproblemen und klar strukturierten Gefahrenmustern (gm) näher erläutert werden. Wir konnten mit dieser Systematik bereits ausgezeichnete Erfahrungen sammeln, als es galt, kritische Situationen zu analysieren. Das System wurde von Jahr zu Jahr verfeinert und gleichzeitig für einen breiten Anwenderkreis adaptiert. Im Lawinenreport wird inzwischen neben den Gefahrenstufen auch auf die gerade zutreffenden Lawinenprobleme sowie die zugehörigen Gefahrenmuster hingewiesen. Das soll das Verstehen in einer konsequenten Abfolge erleichtern: Was – Wo – Warum ist (es) gefährlich?

Auslösewahrscheinlichkeit	Hinweise / Empfehlungen für Personen außerhalb gesicherter Zonen
Spontan sind viele sehr große, mehrfach auch extreme Lawinen, auch in mäßig steilem Gelände zu erwarten.	Skitouren sind allgemein nicht möglich.
Lawinenauslösung ist bereits bei geringer Zusatzbelastung an zahlreichen Steilhängen wahrscheinlich. Fallweise sind spontan viele große, mehrfach auch sehr große Lawinen zu erwarten.	Skitouren erfordern großes lawinenkundliches Beurteilungsvermögen. Tourenmöglichkeiten stark eingeschränkt.
Lawinenauslösung ist bereits bei geringer Zusatzbelastung vor allem an den angegebenen Steilhängen möglich. Fallweise sind spontan einige große, vereinzelt aber auch sehr große Lawinen möglich.	Skitouren erfordern lawinenkundliches Beurteilungsvermögen. Tourenmöglichkeiten eingeschränkt.
Lawinenauslösung ist insbesondere bei großer Zusatzbelastung vor allem an den angegebenen Steilhängen möglich. Sehr große spontane Lawinen sind nicht zu erwarten.	Unter Berücksichtigung lokaler Gefahrenstellen günstige Tourenverhältnisse.
Lawinenauslösung ist allgemein nur bei großer Zusatzbelastung an vereinzelten Stellen im extremen Steilgelände möglich. Spontan sind nur kleine und mittlere Lawinen möglich.	Allgemein sichere Tourenverhältnisse

Lawinengefährliches Gelände ist in den Lawinenvorhersagen näher beschrieben z. B. Höhenlage, Exposition, Geländeform etc.
mäßig steiles Gelände Hänge flacher als rund 30°
Steilhänge Hänge steiler als rund 30°
extremes Steilgelände besonders ungünstige Hänge bezüglich Neigung, Geländeform, Kammnähe, Bodenrauigkeit
Zusatzbelastungen groß zwei oder mehrere Skifahrer, Snowboarder etc. ohne Entlastungsabstände / Pistenfahrzeug / Schneefeldsprengung / auch einzelner Fußgänger, Alpinist
Zusatzbelastungen gering einzelner Skifahrer / Snowboarder, sanft schwingend, nicht stürzend / Schneeschuhgeher / Gruppe mit Entlastungsabständen (mind. 10 m)
Weitere Fachbegriffe und Definitionen finden Sie im Glossar unter www.lawinen.org

Im Mittelpunkt der vorliegenden siebten Auflage unseres Buches stehen natürlich immer noch die 10 entscheidenden Gefahrenmuster (gm), die wir in chronologischer Reihenfolge beschreiben. Wir verwenden dabei immer dasselbe, klar strukturierte Schema: Nach einer kurzen Erläuterung des gm folgt eine Unfallschilderung samt detaillierter Analyse. Der Lawinenunfall bezieht sich dabei unmittelbar auf das vorgestellte Muster. Es folgt ein Wissensteil, in dem das gm näher definiert und Hintergründe beleuchtet werden. Merksätze weisen zusätzlich auf wichtige Fakten zur möglichen Erkennbarkeit des jeweiligen gm hin. Weitere aktuelle Unfallbeispiele dienen dem tieferen Verständnis des Systems und schließen die Vorstellung eines gm ab.

☐ **Für wen ist dieses Buch?**

Dieses Buch richtet sich in erster Linie an den aktiven Wintersportler und ist sowohl für den Laien als auch für den Experten bestimmt. Letzterer wird vor allem von den im Hauptteil beschriebenen Unfallanalysen profitieren, aber auch sonst immer wieder auf Neuigkeiten stoßen. Der Laie wird zusätzlich vermehrt im Wissensteil fündig, in dem grundlegende Informationen zur Schnee- und Lawinenkunde behandelt werden. Zum besseren Verständnis empfehlen wir anfangs den Grundlagenteil zu lesen. Danach lässt einem die von uns gewählte Struktur freie Hand. Wer gerne systematisch vorgehen will, dem raten wir, das Buch in der vorgegebenen Reihenfolge durchzulesen. So führt einen die Reise von den 5 Lawinenproblemen durch die Welt der 10 entscheidenden gm vom Winterbeginn bis zu

dessen Ende. Wer sich jedoch z. B. zuallererst Wissen für eine Tour im Frühjahr aneignen will, ist gut beraten, sich sofort das Lawinenproblem „Nassschnee" bzw. das entsprechende gm „frühjahrssituation" (gm.10) zu Gemüte zu führen. Jedes Problem bzw. Muster ist nämlich für sich allein gesehen selbst erklärend.

☐ **Was sind Muster?**

Muster begegnen uns im alltäglichen Leben – nicht nur in der Lawinenkunde. Bei den von uns vorgestellten Mustern in Form der Lawinenprobleme und Gefahrenmuster handelt es sich um wiederkehrende Situationen bzw. Prozesse, welche sich in Klassen untergliedern lassen. **Konkret geht es um die Aufdeckung klar definierbarer, immer wiederkehrender, offensichtlicher Gefahrensituationen.**

Dieser Ansatz ist prinzipiell nicht neu und wurde bereits bei der Entwicklung von Lawinenvorhersagemodellen vor etwa 40 Jahren verwendet. Dabei griff man auf historische Schadensereignisse zurück, für deren Zeitraum verschiedenste Wetterparameter (inklusive aufsummierter Neuschneehöhen) vorlagen. Man verglich die aktuellen Wetterparameter mit dem historischen Datenmaterial und suchte nach jenen Situationen, die den aktuellen Gegebenheiten möglichst ähnlich waren. Dann prüfte man, ob an diesen Tagen Lawinenabgänge dokumentiert wurden, und schloss daraus, dass der aktuelle Tag ähnliche Lawinenaktivität aufweisen könnte. Dieses System hat sich für offensichtliche Gefah-

gm. definition

Muster begegnen uns im alltäglichen Leben – nicht nur in der Lawinenkunde. Bei den von uns vorgestellten Mustern in Form der Lawinenprobleme und Gefahrenmuster handelt es sich um wiederkehrende Situationen bzw. Prozesse, welche sich in Klassen untergliedern lassen. Konkret geht es um die Aufdeckung klar definierbarer, immer wiederkehrender, offensichtlicher Gefahrensituationen.

rensituationen bewährt. So wurde z. B. ein signifikanter Zusammenhang zwischen beobachteten Lawinenabgängen und der Kombination aus intensivem Neuschneezuwachs, starkem Wind und rascher Temperaturänderung erkannt und auch rechnerisch beschrieben. Bei diffizileren Situationen versagte das System, wohl auch deshalb, weil einer der wichtigsten Parameter, nämlich der aktuell vorherrschende Schneedeckenaufbau, nicht berücksichtigt wurde.

Die Eingrenzung der Lawinenprobleme basiert hingegen auf möglichen Gefahrenquellen (z. B. Neuschnee, Triebschnee ...). Bei den gm erfolgt die Eingrenzung wiederum primär nach den Prozessen, die zum derzeitigen Schneedeckenaufbau und den zu erwartenden Änderungen in Folge des zukünftigen Wettergeschehens führen. Dabei stellt der aktuelle Schneedeckenaufbau wiederum eine unmittelbare Folge des vorangegangenen Wetters dar. Anders betrachtet, bezieht sich das Lawinenproblem mehr auf die örtliche, das Gefahrenmuster auf die zeitliche Komponente.

Betrachtet man das Risikomanagement bei Flugunternehmen, so fallen gewisse Parallelen mit den Gefahrenmustern auf: Es geht um komplexe, mitunter schwer durchschaubare Abläufe, die zu Gefahrensituationen führen (können). In unserem Fall ist die Ausgangssituation die physikalisch nicht exakt erfassbare Schneedecke, bei den Flugunternehmen handelt es sich um den Umgang mit hochtechnologischen Flugzeugen, wobei das Zusammenspiel der einzelnen Teilsysteme vergleichsweise deutlich besser beschreibbar ist. Innerhalb beider Systeme gibt es unterschiedlichste Interaktionen. Zudem wirken auf beide Systeme äußere Einflüsse (Umwelt) ein. Schlussendlich befindet sich noch der

Verschüttungsstellen Aufstiegsspur

Die Analyse von Lawinenunfällen deckt gm auf und bildet einen wesentlichen Bestandteil dieses Buches:
Wo Sulzkogel / Nördliche Stubaier Alpen / 2950 m / SO-Hang / 40°
Wer 15 beteiligte Personen / 4 verletzte Personen / 3 getötete Personen
Wann 22. 2. 2005, ca. 14:30 Uhr
Lawine Schneebrett (trocken) / L 250 m / B 45 m / Anriss 0,3–0,7 m / Verschüttung 1 m / 30 Min.
Regional gültige Gefahrenstufe 3 (erheblich)
Schlagzeile LLB Hochalpin gebietsweise erhebliche Lawinengefahr
Lawinenproblem Neuschnee / Altschnee

gm. häufigkeit

Die einzelnen Gefahrenmuster treten in unterschiedlicher Häufigkeit auf. Das gm „schnee nach langer kälteperiode" (gm.5) zählt beispielsweise zu jenen Mustern, bei denen relativ zu dessen Häufigkeit die meisten Lawinenunfälle passieren. Absolut gesehen passieren die meisten Unfälle jedoch bei gm. „lockerer schnee und wind" (gm.6).

Mensch inmitten des Systems. Er kann durch sein Verhalten steuernd eingreifen und das System sowohl positiv als auch negativ beeinflussen. Die Kunst besteht nun darin, aus diesen Wechselbeziehungen möglichst klar begrenzte unterschiedliche Gefahrensituationen zu erkennen und diese genau zu beschreiben. Zusätzlich gilt es, diese leicht verständlich und einprägsam zu beschreiben, denn erst wenn eine Gefahr bekannt ist und richtig erkannt wird, kann gezielt gegengesteuert werden.

Als ein besonders unfallträchtiges Gefahrenmuster in der Flugbranche gilt z. B. der dritte Landeanflug, nachdem zwei Versuche bereits gescheitert sind. In der Lawinenkunde zählt hingegen das gm „schnee nach langer kälteperiode" (gm.5) zu einem jener Muster, bei dem relativ zu seinem Auftreten die meisten Lawinenunfälle passieren.

Zahlreiche Unfallanalysen der letzten zweieinhalb Jahrzehnte haben uns geholfen, aus einer anfangs vagen Idee, in Folge eine lose Aneinanderreihung einzelner gm und schlussendlich ein zusammenhängendes System zu erstellen. Die festgelegten 10 entscheidenden gm decken in Summe mindestens 95 % sämtlicher während einer Wintersaison auftretenden Gefahrensituationen ab. Das Charakteristikum dieser Muster besteht in ihrem wiederholten Auftreten, nicht nur (meist) innerhalb derselben Wintersaison, sondern vor allem auch in unterschiedlichen Wintern. Damit diese gm leicht zu merken sind, feilten wir an deren Namensgebung, passten diese an und haben uns nun für folgende Bezeichnungen entschieden:

Die 10 entscheidenden Lawinen-Gefahrenmuster im Überblick

gm.1 bodennahe schwachschicht
gm.2 gleitschnee
gm.3 regen
gm.4 kalt auf warm / warm auf kalt
gm.5 schnee nach langer kälteperiode
gm.6 lockerer schnee und wind
gm.7 schneearm neben schneereich
gm.8 eingeschneiter oberflächenreif
gm.9 eingeschneiter graupel
gm.10 frühjahrssituation

Bei den 5 Lawinenproblemen lehnen wir uns seit 2014/15 an bestehende Untergliederungen an, die sich auf fünf mögliche Gefahrenquellen beziehen:

| Neuschnee
| Triebschnee
| Altschnee
| Nassschnee
| Gleitschnee

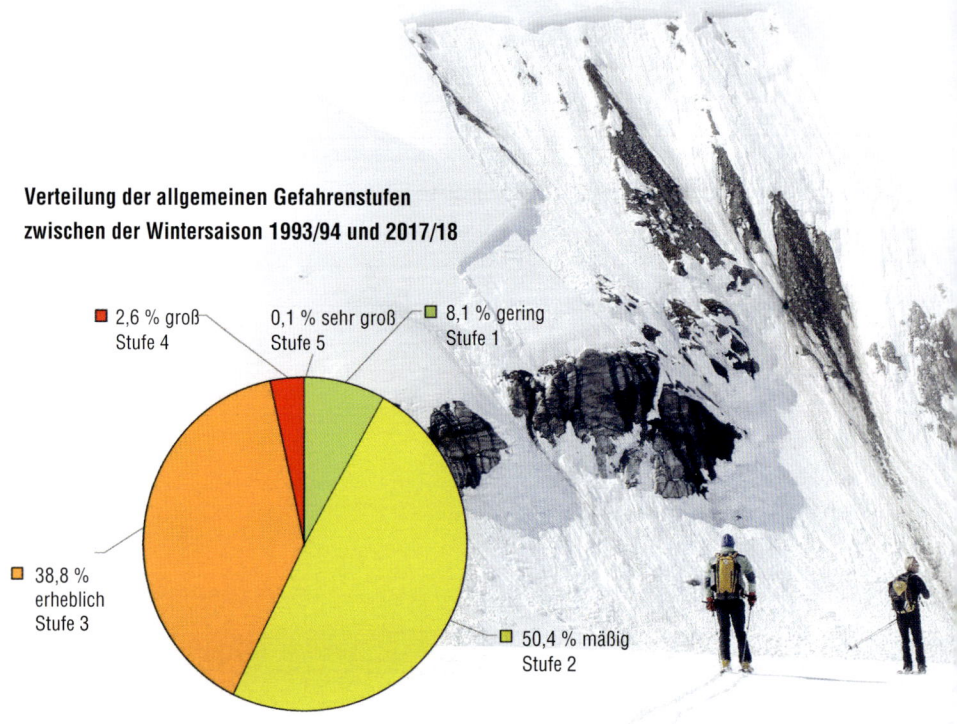

Verteilung der allgemeinen Gefahrenstufen zwischen der Wintersaison 1993/94 und 2017/18

- 2,6 % groß Stufe 4
- 0,1 % sehr groß Stufe 5
- 8,1 % gering Stufe 1
- 38,8 % erheblich Stufe 3
- 50,4 % mäßig Stufe 2

☐ **Klassifikationsmöglichkeiten**

Das Wesen von Mustern besteht in deren Klassifikation. Dabei erscheint es immer sinnvoll, vom Großen zum Kleinen bzw. vom Überblick zum Detail zu gehen. Betrachtet man einen Winter, so besteht dieser glücklicherweise nicht nur aus Gefahrensituationen. Daneben findet man durchwegs lange Phasen mit günstigen Verhältnissen. Dies bestätigt auch unsere Gefahrenstufenstatistik, die wir seit Einführung der fünfteiligen europäischen Gefahrenstufenskala führen. Demnach wurden in Tirol in den 25 Wintern von 1993/94 bis 2017/18 im Durchschnitt in 8,1 % der Zeit die Gefahrenstufe 1 sowie in 50,4 % der Zeit die Gefahrenstufe 2 ausgegeben. Auf die Stufe 3 entfallen 38,8 % und 2,6 % auf die Stufe 4. (Die Stufe 5 wurde nur während weniger Tage verwendet.) Eine erste Klassifizierungsmöglichkeit ergibt sich somit nach Stabilitätsmustern und Gefahrenmustern, wobei in diesem Buch die Erkennung von Lawinenproblemen und Gefahrenmustern im Vordergrund steht. Bei den nun folgenden zeitlichen und räumlichen Untergliederungsmöglichkeiten konzentrieren wir uns bewusst nur auf die Gefahrenmuster, weil der Begriff der Lawinenprobleme zu weit gefasst ist.

☐ **Zeitliche Untergliederung**

Die 10 entscheidenden gm treten meist innerhalb unterschiedlicher Zeitspannen auf. Deshalb ist es zum Erkennen der gerade relevanten gm sinnvoll, diese in eine zeitliche Abfolge zu bringen.

Zeitliches Auftreten der einzelnen gm im Verlauf eines Winters.

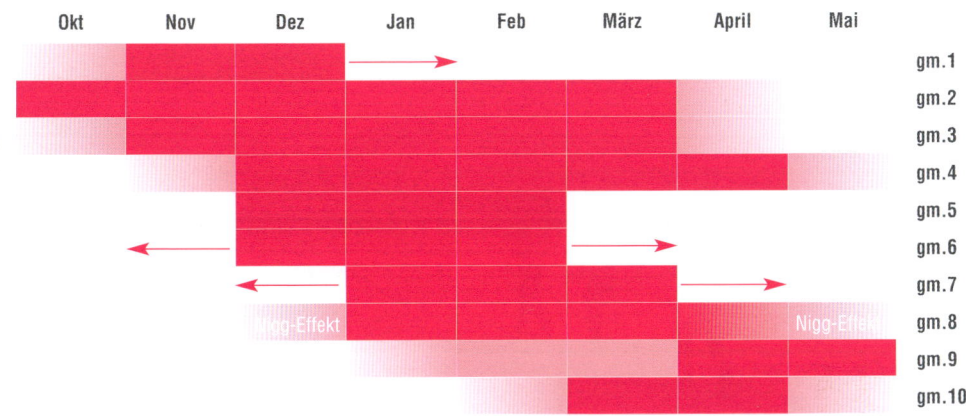

gm.1 (bodennahe schwachschicht) kann hochalpin bereits im Spätherbst auftreten, Frühjahrssituationen treten typischerweise ab Ende Februar auf. Da wir es jedoch mit Naturprozessen zu tun haben, gibt es bei den meisten gm keine starren Abgrenzungen, sondern gleitende Übergänge, vereinzelt auch Ausreißer. Dies ist z. B. dann der Fall, wenn sich im Hoch- oder gar im Frühwinter kurzfristig frühjahrsähnliche Verhältnisse einstellen: Dieses Phänomen beobachtete man z. B. am 10. 1. 2005. Damals war die Schneehöhe unterdurchschnittlich und die Schneedecke verbreitet sehr ungünstig aufgebaut. Die außergewöhnlich hohen Temperaturen an diesem Tag wirkten sich deshalb unmittelbar negativ auf die Schneedecke aus. Spontane Lawinenabgänge kleinen und mittleren Ausmaßes waren die Folge. Eine ähnliche Situation stellte sich auch während der Wintersaison 2009/10 – Anfang Februar – ein. Die Voraussetzungen waren ident: Eine ausgeprägte Schwachschicht war nur von wenig gebundenem Schnee überdeckt. Warmes, frühlingshaftes Wetter schwächte die Schneedecke derart, dass Lawinen spontan abgingen. Umgekehrt können z. B. auch klassische Hochwintersituationen vereinzelt im Frühjahr auftreten.

Unter dem zeitlichen Aspekt fällt auch die Beobachtung, dass es bei einigen gm regelmäßig zu einer Häufung von Lawinenereignissen kommt. Nähere Details dazu finden sich im Gliederungspunkt „Statistik und Konsequenzen für die Praxis".
Bei der zeitlichen Untergliederung geht es allerdings nicht nur darum, wann während eines Winters die jeweiligen gm vermehrt auftreten, sondern auch darum, wie lange diese Situationen anhalten

können. gm.3 (regen) ist beispielsweise ein im Winter eher seltenes Ereignis, welches nur während eines kurzen Zeitraums zu beobachten ist. gm.2 (gleitschnee) kann hingegen im steilen Wiesengelände den ganzen Winter über eine latente Gefahr darstellen. Für gm.5 (schnee nach langer Kälteperiode) bedarf es der für den Hochwinter typischen Kälteperioden. Die dabei gebildeten Schwachschichten können in Folge durchaus über Wochen störanfällig sein. gm.9 (eingeschneiter graupel) wiederum tritt vermehrt ab dem Spätwinter auf. Zudem verbindet sich der als Schwachschicht dienende Graupel aufgrund der bereits meist wärmeren Temperaturen in der Regel relativ rasch mit der darüber gelagerten Schneeschicht.

☐ **Räumliche Untergliederung**

Jedes gm tritt schwerpunktmäßig in bestimmten Höhen- und Expositionsbereichen, teilweise auch in bestimmten Regionen auf:
gm.3 (regen) ist beispielsweise in allen Regionen gleichermaßen vertreten und tritt in tiefen und mittleren Lagen häufiger als in höheren Lagen auf. gm.4 (kalt auf warm / warm auf kalt) kann sich z. B. immer dort ausbilden, wo innerhalb der Schneedecke große Temperaturunterschiede vorhanden sind. Dies kann entweder dann der Fall sein, wenn eine Warmfront mit Regen von einer Kaltfront mit Schneefall abgelöst wird. Denkbar sind solche Verhältnisse auch nach warmen niederschlagsfreien Phasen, während denen die Schneedecke zumindest in besonnten Hängen oberflächig durchfeuchtet

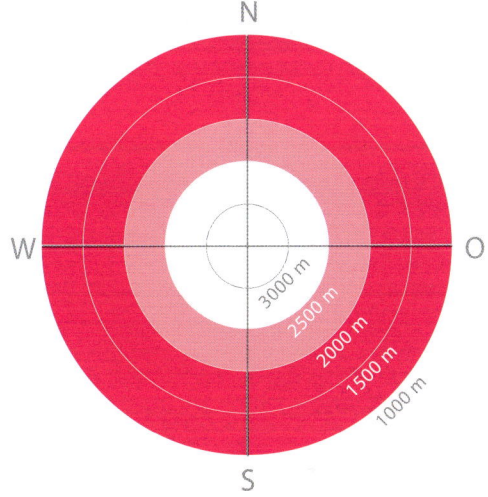

Räumliche Verteilung von gm.3 regen
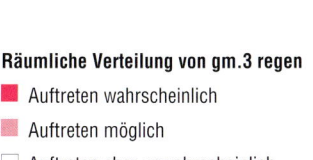
- Auftreten wahrscheinlich
- Auftreten möglich
- Auftreten eher unwahrscheinlich

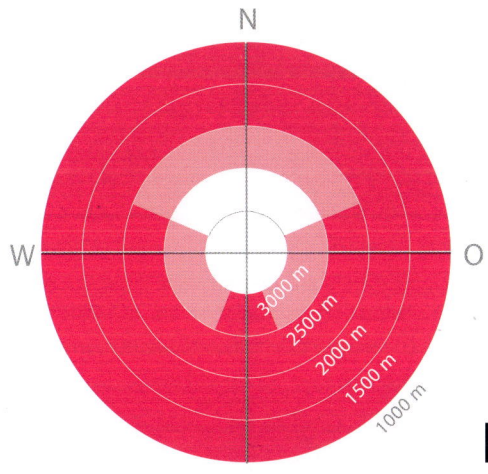

**Räumliche Verteilung von
gm.4 kalt auf warm / warm auf kalt**
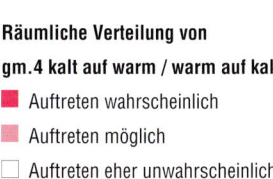
- Auftreten wahrscheinlich
- Auftreten möglich
- Auftreten eher unwahrscheinlich

> ### gm. flächige Verbreitung
>
> Bei gm.9 (eingeschneiter graupel) sammeln sich z. B. die für dieses gm entscheidenden Graupelkörner meist in Geländevertiefungen, typischerweise in Mulden oder unterhalb von Felsen. Seltener bildet sich bei diesem gm eine ausgeprägte, flächig verteilte Schwachschicht, die zu größeren Lawinenabgängen führen kann.

wird. Folgt dann Schneefall bei sinkenden Temperaturen, wird man im Grenzbereich zwischen Alt- und Neuschnee die für die Bildung von Schwachschichten notwendigen, großen Temperaturunterschiede feststellen können. Entsprechend fällt auch die Höhen-Expositionsdarstellung für gm.4 aus: In tiefen und mittleren sowie besonnten, höheren Lagen steigt die Wahrscheinlichkeit für gm.4.
Interessant erscheint auch die räumliche Ausdehnung eines gm, hier am Beispiel von gm.4 während des Frühwinters 2007/08. Nach einer sehr warmen Föhnphase, bei der die Schneedecke bis ca. 2600 m in allen Höhenlagen oberflächig durchfeuchtet wurde, schneite es ca. 20 cm bei stark fallenden Temperaturen. In weiten Teilen Tirols bildete sich daraufhin eine heimtückische Schwachschicht. Drei tödliche Unfälle waren die Folge.

Neben der Verbreitung der verschiedenen gm in bestimmten Höhenlagen, Expositionen und Regionen gibt es einen weiteren, kleinräumigeren Aspekt, nämlich die flächige Verbreitung einer Schwachschicht. Bei gm.9 (eingeschneiter graupel) sammeln sich z. B. die für dieses gm entscheidenden Graupelkörner meist in Geländevertiefungen, typischerweise in Mulden oder unterhalb von Felsen. Seltener bildet sich bei diesem gm eine ausgeprägte, flächig verteilte Schwachschicht, die zu großen Lawinenabgängen führen kann. Umgekehrt verhält es sich bei gm.8 (eingeschneiter oberflächenreif). Diesen findet man speziell nach Kälteperioden über große zusammenhängende Areale. Kleinräumig ist dieser seltener verteilt, wie z. B. entlang von Bachläufen oder aber als Folge des im Kapitel gm.8 näher erläuterten Nigg-Effekts.

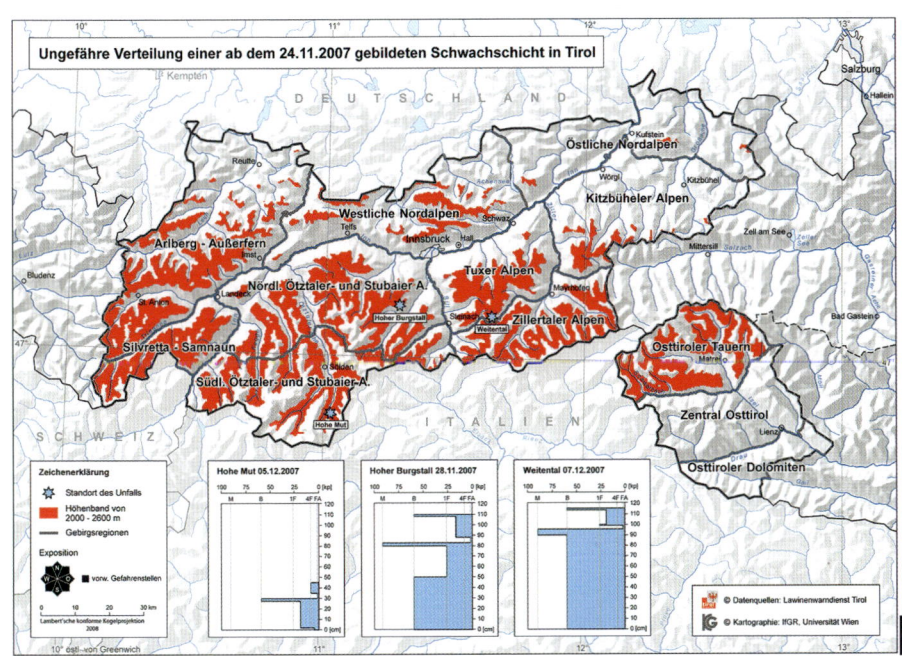

gm. überlagerung

Während des Winters hingegen überlagern sich häufig mehrere unterschiedliche Lawinenprobleme und gm, wobei in der Regel immer eines davon dominant ist.

☐ **Überlagerung von Gefahrenmustern**

Lawinensituationen lassen sich in der Regel recht gut und eindeutig einem Lawinenproblem bzw. einem jeweils entscheidenden gm zuordnen. Am einfachsten ist dies zu Winterbeginn sowie gegen Winterende. Während des Winters hingegen überlagern sich häufig mehrere unterschiedliche Lawinenprobleme und gm, wobei in der Regel immer eines davon dominant ist. Zur Erläuterung ein kurzes Beispiel vom Winter 2009/10: Am 29. 12. sind wir unterhalb des Kellerjochs in den Tuxer Alpen unterwegs, um einen Lawinenunfall näher unter die Lupe zu nehmen. Wir erstellen an mehreren Orten Schneeprofile. Dabei zeigt sich, dass die oberste Schneeschicht vom Wind beeinflusst wurde. Darunter lagert eine dünne, lockere Neuschneeschicht. Alles spricht dafür, dass wir es primär mit gm.6 (lockerer schnee und wind) mit Neuschnee als Schwachschicht zu tun haben. Gräbt man weiter in die Schneedecke, so fällt eine dünne kantige Schicht unter einem ebenso dünnen Schmelzharschdeckel auf. Diese Schwachschicht ist durch den Wechsel von kalt auf warm (gm.4) nach dem 25. 12. entstanden. Noch tiefer finden wir eine während einer langen Kälteperiode (gm.5), bis zum 20. 12. gebildete, sehr lockere Schicht. Zwei Skitourengeher störten während des Aufstieges das frische Triebschneepaket. Durch die Belastung des dabei abgleitenden Schnees brachen in Folge auch die tiefer liegenden Schwachschichten.

Das Beispiel zeigt auch eine kleine Herausforderung bei der Verwendung von Gefahrenmustern. Die Verhältnisse, die zu gm.5 geführt haben, liegen schon länger zurück, sind aber für den Schnee-

Unter einer lieblich verschneiten Schneeoberfläche können sich gefährliche Schwachschichten verbergen.

Man erkennt die durch unterschiedliche Prozesse entstandenen Schwachschichten. Für die Lawinenauslösung im Hintergrund des Bildes war primär gm.6 verantwortlich.

deckenaufbau immer noch von Bedeutung. Es stellt sich deshalb manchmal die Frage, wie man darauf möglichst transparent hinweisen kann. Eine elegante Lösung wäre jene der Kollegen aus Übersee, die Schwachschichten unabhängig von ihrem Entstehungsprozess in nur drei Untergruppen unterteilen: Sie sprechen von „deep persistent weak layers", „persistent weak layers" und „non persistent weak layers". Dabei handelt es sich um bodennahe Schwachschichten im Altschnee, um Schwachschichten innerhalb des Altschneepakets und in der Regel um Neuschnee als Schwachschicht (siehe u. a. Kapitel gm.6). Letztere ist nur kurzfristig zu stören, die beiden ersteren mitunter über lange Zeiträume.

Wenn man sich die Situation bildlich vorstellen möchte, so „rutschen" die durch unterschiedliche Prozesse entstandenen Schwachschichten, die ausgezeichnet mit Hilfe unserer gm beschrieben werden können, während des Winters in tiefere Schichten und können dort als mehr oder weniger störanfällige Schwachschichten weiter bestehen bleiben. Der Entstehungsprozess interessiert dann in der Regel nur mehr wenige Experten.

Lawinenprobleme bieten sich nun als ein sehr guter Lösungsansatz für einen optimierten Überblick an. Damit kann pauschal z. B. auf ein Altschneeproblem hingewiesen werden. Das oder die dafür verantwortlichen Gefahrenmuster können, müssen aber nicht mehr angeführt werden. Wie immer erhält man Detailinformationen im Text des Lawinenreports oder via neue Medien.

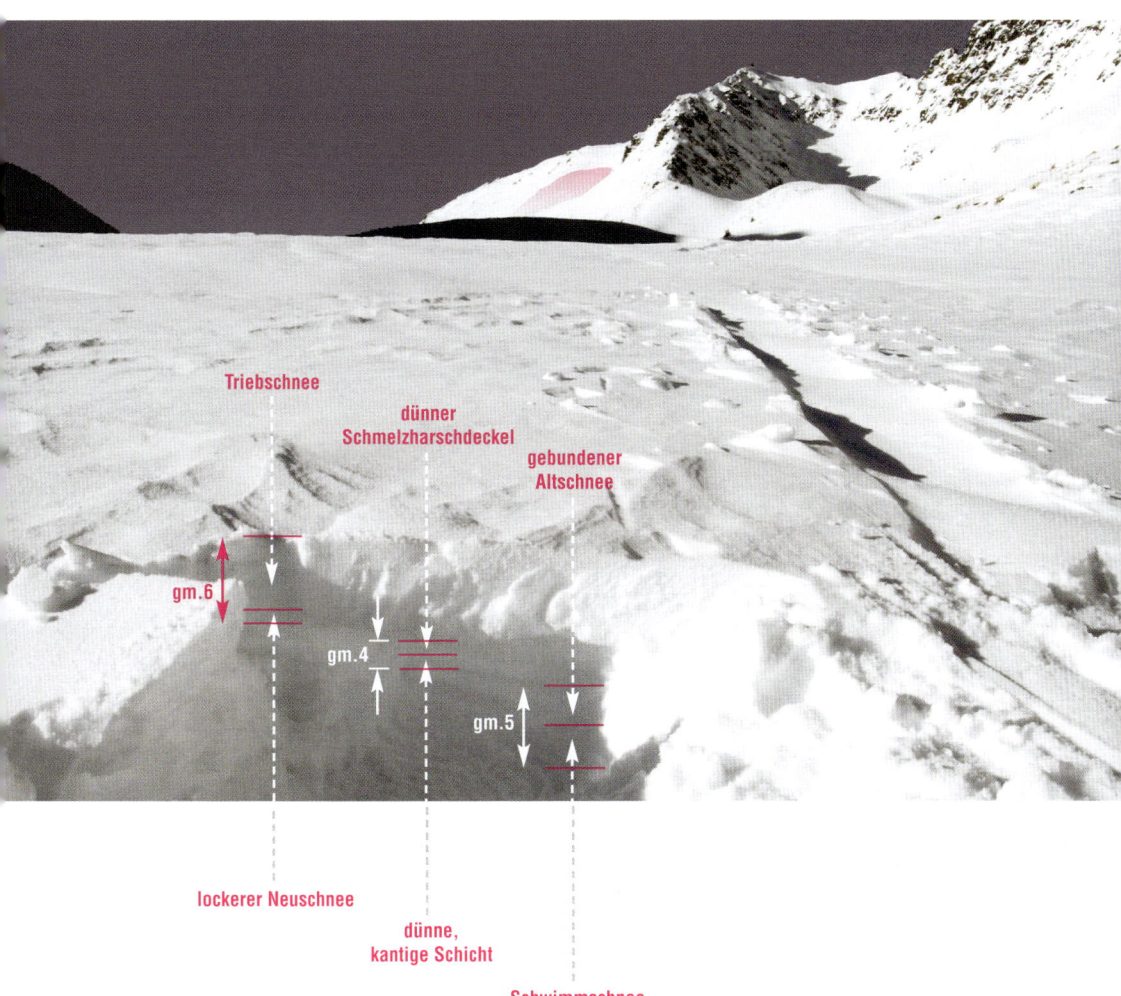

Wo Kellerjoch / Tuxer Alpen / 2200 m / SO-Hang / 38°
Wer 2 beteiligte Personen
Wann 28. 12. 2009, 12:30 Uhr
Lawine Schneebrettlawine (trocken) / L 200 m / B 70 m / Anriss 0,3 m / Verschüttung 10 Min.
Regional gültige Gefahrenstufe 3 (erheblich)
Schlagzeile LLB Oberhalb 2000 m verbreitet erhebliche Lawinengefahr

Die im Vorwort erwähnten Lawinen in der Nähe des Zischgeles.

Überlagerungen gibt es nicht nur bei den Gefahrenmustern, sondern konsequenterweise auch bei den Lawinenproblemen, wobei dort zahlreiche Kombinationen vorstellbar sind. Beispielsweise wird man bei viel Neuschnee auf einer labilen Altschneedecke von einem kombinierten Neu- und Altschneeproblem ausgehen. Neuschnee und Wind ergibt hingegen regelmäßig ein kombiniertes Neu- und Triebschneeproblem usw.
Zusätzlich können sich auch Lawinenprobleme verlagern: Wenn z. B. Oberflächenreif eingeschneit wird (gm.8) oder aber eine lange Kälteperiode mit Schneefall endet (gm.5), so gehen wir von einem Neuschneeproblem aus. Nach einigen niederschlagsfreien Tagen entsteht daraus aufgrund der über lange Zeit störanfälligen Schwachschicht ein Altschneeproblem.
Die langjährige Beobachtung zeigt uns auch, dass sich dieselben Lawinenprobleme bzw. Gefahrenmuster zeitlich und räumlich überlagern können. Lawinen lösen sich also immer wieder unter denselben Voraussetzungen zu ähnlichen Zeiten an denselben Orten. Regelmäßig trifft dies z. B. für das Lawinenproblem Gleitschnee und gm.2 (gleitschnee) zu.
Ein eindrucksvolles Beispiel zu dieser räumlichen und zeitlichen Überlagerung liefern auch die im Vorwort erwähnten Unfälle in der Nähe des Zischgeles. In zwei benachbarten Rinnen passieren in einem zeitlichen Abstand von zwei Jahren fast auf den Tag genau zwei tödliche Lawinenunfälle beim Lawinenproblem Nassschnee bzw. bei gm.10 (frühjahrssituation). Die Voraussetzungen sind sowohl hinsichtlich des Schneedeckenaufbaus und des Wetters als auch der durch die Wintersportler ausgeübten Zusatzbelastung ident. ▎

Wo Zischgeles – Sattelloch / Nördliche Stubaier Alpen / 2320 m / O-Hang / 35°
Wer 3 beteiligte Personen / 1 getötete Person
Wann 8. 4. 2009, 10:50 Uhr
Lawine Schneebrettlawine (nass) / Länge 400 m / Breite 40 m / Anriss 0,3–1 m / Verschüttung 0,5 m / 1 Tag
Regional gültige Gefahrenstufe 1 (gering) -> 3 (erheblich)
Schlagzeile LLB Am Vormittag perfekte Tourenverhältnisse – Anstieg der Lawinengefahr im Tagesverlauf
Lawinenproblem Nassschnee

Wo Zischgeles – Köllrinne / Nördliche Stubaier Alpen / 2280 m / O-Hang / 35°
Wer 6 beteiligte Personen / 1 getötete Person
Wann 9. 4. 2007, 11:20 Uhr
Lawine Schneebrettlawine (nass) / L 250 m / B 80 m / Anriss 0,4 m / Verschüttung 2,3 m / 1 Stunde
Regional gültige Gefahrenstufe 1 (gering) -> 3 (erheblich)
Schlagzeile LLB Verbreitet günstige Tourenverhältnisse mit tageszeitlichem Anstieg der Gefahr
Lawinenproblem Nassschnee

statistik & konsequenzen für die praxis.

Bekanntlich ist jeder Winter anders. Dies zeigt sich nicht nur an unterschiedlichen Schneehöhen oder den Lawinenopferzahlen, charakteristisch ist u. a. auch die Verteilung der Gefahrenmuster. Daran erkennt man quasi auf einen Blick, mit was für einem Winter man es zu tun hatte.

Beispielsweise war der Winter 2011/12 im Norden Tirols ein „kerniger Winter". Nach einigen neuschneereichen, gefährlichen Phasen folgten meist recht günstige Verhältnisse. Auffallend war eine kurze Zeitspanne ab Mitte Februar, in der fast die Hälfte aller Lawinenereignisse stattfand. Die Ursache lag in Schneefall samt Windeinfluss nach einer langen Kälteperiode (gm.5). Geprägt war der schneereiche Winter auch durch ein hohes Gefährdungspotenzial von Gleitschneelawinen. Gemessen daran passierte im Verhältnis wenig. Ganz anders präsentieren sich z. B. die Winter 2014/15 bis 2016/17, die von einem massiven Altschneeproblem gekennzeichnet waren. Dies bedeutet, dass über lange Zeiträume eine in der Schneedecke versteckte Gefahr lauerte, der im Wesentlichen nur durch große Zurückhaltung begegnet werden konnte. Auffallend ist auch der überproportional hohe Anteil an Personenschäden beim Altschneeproblem im Vergleich zum ähnlich häufig ausgegebenen Triebschneeproblem.
Seit der Einführung der Lawinen-Gefahrenmuster sind neun Jahre vergangen – ein Beobachtungszeitraum, der so viele Daten und Erfahrungen geliefert hat, dass inzwischen aussagekräftige statistische Auswertungen möglich sind. So lassen sich bei der Auswertung von Gefahrenmustern sowie deren Zuordnung zu Lawinenereignissen der vergangenen Jahre interessante Trends ablesen, die durchaus von unfallprophylaktischem Nutzen sind. Zusammengefasst fällt Folgendes auf:

Häufigkeit von Gefahrenmustern und Lawinenunfällen Wintersaison 2011/12

gm.5 (schnee nach langer kälteperiode) führte im Winter 2011/12 zu fast der Hälfte aller Lawinenereignisse mit Personenschaden.

Auffallend bei der Verteilung der Gefahrenmuster während der Winter 2014/15 bis 2016/17 ist das vorherrschende Altschneeproblem aufgrund von gm. 1 (bodennahe schwachschicht) mit überdurchschnittlich vielen Lawinenereignissen.

☐ **Verteilung der Gefahrenmuster und Zuordnung von Unfällen Winter 2010/11 bis 2017/18 in Tirol**

▎**gm.1** (bodennahe schwachschicht): verhältnismäßig viele Unfälle mit Personenschaden, vermehrt betrifft dies auch gut ausgebildete Personen.
▎**gm.2** (gleitschnee): wird eher häufig ausgegeben, die Unfallzahlen sind gering.
▎**gm.3** (regen): Wintersportler lassen sich von Regen selten überraschen.
▎**gm.4** (kalt auf warm / warm auf kalt): Bedeutsame Schwachschichten findet man häufig in eng begrenzten Höhen- und Expositionsbereichen in Oberflächennähe. Die Lage der Schwachschicht bedingt einerseits eine erhöhte Störanfälligkeit durch Wintersportler, andererseits aber auch eine raschere Zerstörung durch atmosphärische Einflüsse. Relativ viele Unfälle mit Personenschaden.
▎**gm.5** (schnee nach langer kälteperiode): Entspricht der Erfahrung aus dem Winter 2011/12: In einer verhältnismäßig kurzen Zeit passieren überdurchschnittlich viele Unfälle.
▎**gm.6** (lockerer schnee und wind): Es handelt sich um das am häufigsten verwendete Muster, gleichzeitig passieren auch die meisten Unfälle. Hier gehört dringend in der Ausbildung angesetzt, weil es sich um ein recht offensichtliches Gefahrenmuster handelt, welches mit etwas Erfahrung in den allermeisten Fällen erkennbar sein sollte.
▎**gm.7** (schneearm neben schneereich): Dieses gm kann mit einem groß- und kleinräumigen Altschneeproblem gekoppelt sein, auf welches gezielt mit anderen Gefahrenmustern hingewiesen wird. Deshalb ist es in der Statistik unterrepräsentiert.

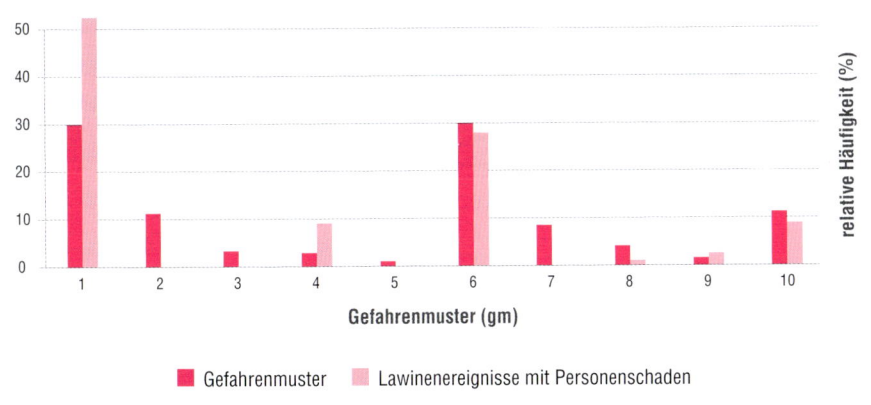

Häufigkeit von Gefahrenmustern und Lawinenunfällen Wintersaison 2014/15 bis 2016/17

gm. empfehlung

Bei Auftreten von gm.6, also dann, wenn es bei kalten Temperaturen lockeren Schnee verfrachtet, sollte man eingewehte Steilhänge möglichst meiden. Man muss bei solchen Situationen meist nur einen Tag Geduld haben, dass sich die Verhältnisse deutlich bessern.

▍ **gm.8** (eingeschneiter oberflächenreif): Wir hätten eine ähnliche Verteilung wie bei gm.5 erwartet, wurden aber eines anderen belehrt. Eine mögliche Erklärung für das geringe Unfallgeschehen: Wir verwenden dieses gm auch für den kleinräumigen Nigg-Effekt.
▍ **gm.9** (eingeschneiter graupel): Wie angenommen ist dieses gm selten unfallkausal, wenn, dann v. a. im Frühjahr.
▍ **gm.10** (frühjahrssituation): Bei relativ großem Gefahrenpotenzial zumindest nicht überdurchschnittlich viel Personenschaden.

Was bleibt, ist die Erkenntnis, dass bei Gefahrenmustern, während derer sich ausgeprägte Schwachschichten in Form von kantigen Kristallen, Schwimmschnee oder Oberflächenreif bilden, in der Regel überdurchschnittlich viele Unfälle passieren. Dies trifft ganz besonders für gm.1, gm.5 und gm.8, häufig auch für gm.4 zu.

Wir möchten an dieser Stelle auch einen Appell an Wintersportler richten, bei Auftreten von gm.6, also dann, wenn es bei kalten Temperaturen lockeren Schnee verfrachtet, eingewehte Steilhänge möglichst zu meiden. Man muss bei solchen Situationen meist nur einen Tag Geduld haben, bis sich die Verhältnisse deutlich bessern. ▍

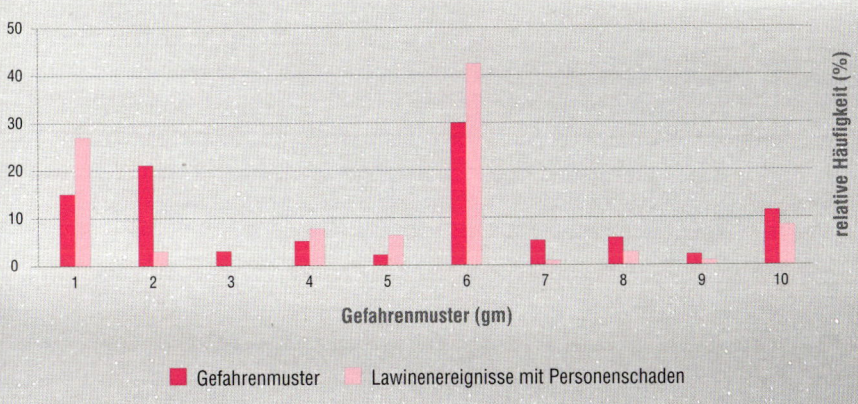

Häufigkeit von Gefahrenmustern und Lawinenunfällen Wintersaison 2010/11 bis 2017/18

■ Gefahrenmuster   ■ Lawinenereignisse mit Personenschaden

die 5 lawinenprobleme.

Lawinenprobleme weisen – wie die Gefahrenmuster – auf typische, sich wiederholende und meist offensichtliche Gefahrensituationen hin. Der Unterschied liegt einzig in der Betrachtungsebene. Während Lawinenprobleme einen ersten groben Überblick über mögliche Gefahrenquellen geben, wird bei den Gefahrenmustern tiefer in die Materie eingetaucht und nach den Ursachen des Problems gesucht. Das Ziel ist klar: Gefahrensituationen sollen mit Hilfe der Lawinenprobleme und Gefahrenmuster rascher erkannt, das Verhalten entsprechend angepasst und dadurch Lawinenunfälle vermieden werden.

☐ **Lawinenproblem Neuschnee**

Verhalten: Warte, bis sich der Neuschnee stabilisiert hat und / oder sei defensiv unterwegs!
Neuschneefall bedeutet nicht automatisch, dass dadurch die Lawinengefahr ansteigen muss. Dies hängt – wie so oft in der Lawinenkunde – von vielen Faktoren ab. Entscheidend ist immer, dass das Problem unmittelbar mit Neuschneefall zu tun hat und es einer kritischen Neuschneemenge bedarf, ab der ein Problem entsteht.
Die Erfahrung zeigt, dass Neuschneefall häufig gemeinsam mit Windeinfluss auftritt. Wir sprechen dann von einem kombinierten Neu- und Triebschneeproblem. Fällt hingegen Neuschnee ohne Windeinfluss, so hat man es entweder mit Lockerschneelawinen aus felsdurchsetztem Gelände zu tun oder aber mit Schneebrettlawinen, wenn sich der Neuschnee oberflächig durch z. B. Wärmeeinfluss bindet.

neuschnee^{problem}

Was?	Merkmale	Das Problem entsteht durch aktuelle Schneefälle oder kurz zuvor gefallenen Neuschnee. Der Haupteinflussfaktor ist die kritische Neuschneemenge. Diese hängt von mehreren Faktoren ab, wie zum Beispiel Temperatur oder Eigenschaften der alten Schneeoberfläche.
	Zu erwartende Lawinenarten	▎ trockene Schneebrettlawinen ▎ trockene Lockerschneelawinen ▎ spontane und künstliche Auslösungen möglich
Wo?	Räumliche Verteilung	Meist weit verbreitet und in allen Expositionen vorhanden
	Position der Schwachschicht in der Schneedecke	Meist im Bereich der alten Schneeoberfläche, manchmal aber auch innerhalb der Neuschneeschichten und manchmal auch wenig darunter im Altschnee
Warum?	Auslösemechanismus	**Trockene Schneebrettlawinen** Zusatzbelastung durch den Schneefall auf existierende Schwachschicht (im Bereich der alten Schneeoberfläche) oder allenfalls neu entstandene Schwachschicht (im Neuschnee) **Trockene Lockerschneelawinen** Fehlende Verbindung zwischen den Neuschneekristallen
Wann?	Dauer	Während des Schneefalls bis wenige Tage danach
Wie gehe ich damit um?	Problemerkennung im Gelände	Das Neuschneeproblem ist relativ einfach zu erkennen, da es meist weit verbreitet ist. Beachte die kritische Neuschneemenge und frische Lawinen!
	Verhaltensempfehlung	**Trockene Schneebrettlawinen** Warte, bis die Schneedecke sich stabilisiert hat und die Schwachschicht sich auf die neue Last angepasst und Festigkeit gewonnen hat! **Trockene Lockerschneelawinen** Beachte vor allem die Mitreiß- und Absturzgefahr im extremen Steilgelände!

Mögliche Gefahrenmuster sind gm.1 / gm.4 / gm.5 / gm.8 / gm.9

Bei sehr intensiven Neuschneefällen wiederum kann das Gewicht des Schnees so groß werden, dass bodennahe Schwachschichten brechen und folglich sehr große Lawinen abgehen können. Speziellere Situationen, bei denen ebenfalls Neuschnee unmittelbar im Spiel ist, werden in den Kapiteln zu gm.4 und gm.9 erläutert. Der „Vorteil" eines Neuschneeproblems liegt darin, dass es meist recht gut erkannt werden kann.

☐ **Lawinenproblem Triebschnee**

Verhalten: Beachte Windzeichen und vermeide Triebschnee-Ansammlungen!
Wind bzw. der vom Wind verfrachtete Schnee spielen beim Triebschneeproblem eine zentrale Rolle. Schnee kann dabei sowohl während des Schneefalls verfrachtet werden (kombiniertes Neu- und Triebschneeproblem) als auch dann, wenn es nicht mehr schneit.

Zentral für das Verständnis dieses Problems sind Schwachschichten innerhalb der Schneedecke, auf denen der Triebschnee abgelagert wird. Dabei macht es einen großen Unterschied, aus welchen Kristallen die Schwachschichten aufgebaut sind, was maßgeblich deren Lebensdauer beeinflusst. Besonders andauernd sind Schwimmschnee, kantige Kristalle oder Oberflächenreif. Sehr häufig beobachtet man beim Triebschneeproblem jedoch, dass sich innerhalb des Neuschneepakets eine Schwachschicht ausbildet. Dies trifft z. B. dann zu, wenn bei kalten Temperaturen Pulverschnee von

triebschnee ^{problem}

Was?	Merkmale	Das Problem entsteht durch windverfrachteten Schnee. Triebschnee kann entweder während eines Schneefalls entstehen oder wenn lockere, oberflächennahe Schichten (Neu- oder Altschnee) verfrachtet werden.
	Zu erwartende Lawinenarten	▍ trockene Schneebrettlawinen ▍ spontane Lawinen und künstliche Auslösung möglich
Wo?	Räumliche Verbreitung	Ausgesprochen unregelmäßig verteilt; tendenziell in windabgewandten Bereichen (Lee), in Rinnen, Mulden, hinter Geländekanten und anderen windberuhigten Flächen. Häufiger oberhalb der Waldgrenze als darunter
	Position der Schwachschicht in der Schneedecke	Meist im Bereich der alten Schneeoberfläche oder innerhalb des Triebschnees (intern variable Schichtung durch Änderungen in der Windgeschwindigkeit während einer Sturmperiode) und gelegentlich wenig darunter im Altschnee
Warum?	Auslösemechanismen	Zusatzbelastung durch den Triebschnee auf eine Schwachschicht. Triebschnee bildet ein Schneebrett, das die Bruchausbreitung unterstützt.
Wann?	Dauer	Triebschnee kann sehr rasch entstehen. Das Problem herrscht üblicherweise während der Verfrachtung bis wenige Tage nach dem letzten Windeinfluss (abhängig von der Entwicklung der Schneedecke).
Wie gehe ich damit um?	Problemerkennung im Gelände	Das Triebschneeproblem ist mit Übung und bei guten Sichtverhältnissen relativ leicht zu erkennen, außer der Triebschnee wurde von Neuschnee überlagert. Beachte Windzeichen und lokalisiere Triebschneeablagerungen! Typische Hinweise: Triebschneeablagerungen, Rissbildung, Wummgeräusche, frische Lawinen. Oft ist es aber schwierig, das Alter des Triebschnees abzuschätzen. Zudem muss Triebschnee nicht zwingend ein Problem sein (zum Beispiel bei fehlender Schwachschicht).
	Verhaltensempfehlung	Vermeide Triebschneeablagerungen in steilem Gelände.

Mögliche Gefahrenmuster sind gm.1 / gm.4 / gm.5 / gm.6 / gm.8

Triebschnee überdeckt wird. Schneebrettlawinen lassen sich in diesem Fall kurzfristig sehr leicht an der Schichtgrenze zwischen dem als Schwachschicht dienenden Pulverschnee und dem Triebschnee auslösen. Weitere Details finden sich im Kapitel zu gm.6. Wer Windzeichen interpretieren kann, sollte frischem Triebschnee eigentlich leicht ausweichen können, außer Triebschnee wurde von Neuschnee überlagert. Oft fehlt jedoch einfach die Geduld, nach einer Verfrachtungsperiode zu warten, bis sich die Situation wieder entspannt hat.

☐ **Lawinenproblem Altschnee**

Verhalten: Meide große Steilhänge und sei zurückhaltend! Besondere Vorsicht in schneearmen Bereichen sowie an Übergängen von schneearm zu schneereich!
Altschnee sowie die Existenz von Schwachschichten innerhalb der Altschneedecke sind die Voraussetzung für dieses Lawinenproblem. Altschnee wird dabei als jener Schnee definiert, der während mehrerer Tage weder durch Niederschlag noch durch Wind oder Schmelzprozesse beeinflusst wurde. In schneearmen Regionen bzw. Wintern wird man häufiger auf Altschneeprobleme stoßen als in schneereichen. Dabei können alle Expositionen betroffen sein, vermehrt beobachtet man das Problem jedoch in Schattenhängen.
Bevorzugt werden Schneebrettlawinen an schneearmen Stellen bzw. an Übergangsbereichen von schneearmen zu schneereichen Stellen durch Zusatzbelastung ausgelöst. Dies kann auch im flachen

altschnee problem

Was?	Merkmale	Das Problem entsteht durch Schwachschichten innerhalb der Altschneedecke. Typische Schwachschichten beinhalten kantige Kristalle, Tiefenreif (auch Becherkristalle oder „Schwimmschnee" genannt) oder eingeschneiten Oberflächenreif.
	Zu erwartende Lawinenarten	▎ trockene Schneebrettlawinen ▎ meist künstliche Auslösungen (z. B. Wintersportler, Sprengung); spontane Lawinen sind selten, meist in Kombination mit einem anderen Lawinenproblem
Wo?	Räumliche Verbreitung	Das Lawinenproblem kann sowohl verbreitet vorkommen, als auch kleinräumig konzentriert vorhanden sein. Es kann in allen Expositionen auftreten, häufiger jedoch in schattigen, eher windgeschützten Hängen.
	Position der Schwachschicht in der Schneedecke	Irgendwo im Altschnee, oft tief in der Schneedecke. Wenn die Schwachschicht von mächtigen, stabileren Schichten überdeckt ist, ist die Auslösung weniger wahrscheinlich.
Warum?	Auslösemechanismen	Bruch einer Schwachschicht im Altschnee, wenn die Zusatzlast die Festigkeit der Schwachschicht überschreitet
Wann?	Dauer	Wochen bis Monate; teilweise während des gesamten Winters
Wie gehe ich damit um?	Problemerkennung im Gelände	Das Altschneeproblem ist äußerst schwierig zu erkennen. Zeichen für Instabilität (z. B. Wummgeräusche) sind typisch, aber nicht zwingend vorhanden. Schneedeckentests können helfen, die Schwachschichten zu erkennen. Informationen zur Schneedeckenentwicklung und Informationen in den Lawinenvorhersagen sind wichtig. Die Bruchausbreitung erfolgt üblicherweise über weite Strecken. Fernauslösungen sind ebenfalls möglich.
	Verhaltensempfehlung	Meiden von großen Steilhängen und Zurückhaltung. Beachte den Witterungsverlauf und die Schneedeckenentwicklung in einem Gebiet! Besondere Vorsicht in schneearmen Bereichen und Übergängen von schneearm zu schneereich. Tödliche Lawinenunfälle mit Schneesportlern ereignen sich häufig während eines Altschneeproblems.

Mögliche Gefahrenmuster sind gm.1 / gm.4 / gm.5 / gm.7 / gm.8

Gelände erfolgen. Bruchausbreitungen sind dabei über große Distanzen möglich – und damit entsprechend große Lawinen. Es handelt sich um ein schwierig einzuschätzendes, meist lang anhaltendes Problem, was sich auch in der Statistik niederschlägt: Sterben gut ausgebildete Personen in Lawinen, dann meistens während eines Altschneeproblems.

Hilfreich sind deshalb große Zurückhaltung und zusätzlich – für geübte Personen – auch Schneedeckenuntersuchungen. Neuschneeprobleme entwickeln sich bei ausgeprägten Schwachschichten an der Altschneeoberfläche übrigens nach einigen niederschlagsfreien Tagen zu einem Altschneeproblem. Im Frühjahr beobachtet man mit der fortschreitenden Durchnässung der Schneedecke häufig ein kombiniertes Alt- und Nassschneeproblem. Vertiefendes Hintergrundwissen dazu findet man in den Kapiteln gm.1, gm.4, gm.5, gm.7 und gm.8.

☐ **Lawinenproblem Nassschnee**

Verhalten: Richtiges Timing und eine gute Routenwahl sind entscheidend!
Das Lawinenproblem ergibt sich durch die fortschreitende Durchfeuchtung bzw. Durchnässung der Schneedecke und den dadurch bedingten Festigkeitsverlust. Dies kann entweder durch Regeneintrag oder aber durch den Einfluss von warmer Lufttemperatur, intensiver Strahlung, hoher Luftfeuchtigkeit und warmem Wind bzw. dem Zusammenspiel dieser Faktoren erfolgen.

nassschnee problem

Was?	Merkmale	Das Problem entsteht durch eine zunehmende Schwächung der Schneedecke durch Wassereintrag, entweder durch Schmelze oder Regen.
	Zu erwartende Lawinenarten	❙ Nasse Schneebrettlawinen ❙ Nasse Lockerschneelawinen ❙ Meist spontane Auslösungen
Wo?	Räumliche Verteilung	Wenn die Sonneneinstrahlung die Hauptursache des Problems ist, hängt die Verbreitung vor allem von der Exposition ab. Lufttemperatur und Luftfeuchtigkeit bestimmen die Verbreitung nach Höhenlage. Wenn Regen die Ursache ist, sind alle Expositionen betroffen.
	Position der Schwachschicht in der Schneedecke	Irgendwo in der Schneedecke
Warum?	Auslösemechanismen	**Nasse Schneebrettlawinen** ❙ Schwächung und Bruch ehemaliger Schwachschichten in der Schneedecke oder Anreißen auf Schichtgrenzen, an denen sich das Wasser staut ❙ Regen führt zudem zu einer Zusatzbelastung der Schneedecke. **Nasse Lockerschneelawinen** ❙ Verlust von Bindungen zwischen den Schneekristallen
Wann?	Dauer	❙ Stunden bis Tage ❙ Rascher Stabilitätsverlust möglich ❙ Besonders kritisch ist das erste Eindringen von Wasser tiefer in die Schneedecke, sobald die Schneedecke 0° C-isotherm ist. ❙ Die Wahrscheinlichkeit spontaner Lawinenabgänge nimmt im Tagesverlauf (abhängig von der Exposition) zu (außer, wenn Regen die Hauptursache des Problems ist).
Wie gehe ich damit um?	Problemerkennung im Gelände	Das Nassschneeproblem ist meist einfach zu erkennen. Beginnender Regen, Bildung von Schneebällen oder Schneerollen, kleine nasse Schneebrett- oder Lockerschneelawinen kündigen oft hohe Aktivität von Nassschneelawinen an. Tiefes Einsinken in die Schneedecke ist ebenfalls ein Zeichen zunehmender Durchfeuchtung.
	Verhaltensempfehlung	Entsteht in einer kalten, klaren Nacht eine Kruste, sind die Bedingungen am Morgen meist günstig. Nach warmen, bedeckten Nächten tritt das Problem oft bereits am Morgen auf. Bei Regen auf eine trockene Schneedecke tritt das Problem meist unmittelbar auf. Richtiges Timing und eine gute Tourenplanung sind entscheidend. Beachte Lawinenauslaufbereiche!

Mögliche Gefahrenmuster sind gm.3 / gm.10

Als besonders kritisch zu beurteilen sind immer der erstmalige Wassereintrag in eine Schwachschicht (zu beachten ist dabei die rasche Gefahrenzunahme in schneearmen Wintern, wie beim Unfallbeispiel Grießkopf in Kapitel gm.10), massiver Wasserstau auf einer harten Kruste bzw. der Übergang von Schneefall in Regen.

Nassschneelawinen, egal ob nasse Schneebrett-, Lockerschnee- oder Gleitschneelawinen, haben großes Gefährdungspotenzial. Ein Nassschneeproblem ist ziemlich offensichtlich. Gute Tourenplanung und Zeiteinteilung sind wichtig, auch deshalb, weil die Gefahr durch zunehmende Durchnässung der Schneedecke sehr rasch ansteigen kann. Vertiefendes Hintergrundwissen dazu findet man in den Kapiteln gm.3 und gm.10.

☐ **Lawinenproblem Gleitschnee**

Verhalten: Halte dich nicht in der Nähe von Gleitschneerissen auf!
Das Lawinenproblem ergibt sich durch das Abgleiten der gesamten Schneedecke auf steilen, glatten Flächen. Gleitschneelawinen kündigen sich häufig durch Risse in der Schneedecke an. Sie sind vom Abgangszeitpunkt praktisch nicht vorherzusagen, treten jedoch gehäuft im Herbst nach großen Neuschneefällen oder aber im Frühjahr auf, wenn die Schneedecke erstmals massiv durchnässt wird. Vertiefendes Hintergrundwissen dazu findet man in Kapitel gm.2. ▮

gleitschnee problem

Was?	Merkmale	Die gesamte Schneedecke gleitet auf glattem Untergrund (z. B. Grashänge oder glatte Felsenzonen) ab. Hohe Aktivität von Gleitschneelawinen kommt typischerweise bei einer mächtigen Schneedecke mit wenigen oder keinen Schwachschichten vor. Gleitschneelawinen können sowohl bei einer trockenen, kalten als auch bei einer nassen, 0° C-isothermen Schneedecke auftreten. Den Abgangszeitpunkt von Gleitschneelawinen vorherzusagen ist kaum möglich, obwohl sie sich meist durch Gleitschneerisse (sogenannte Fischmäuler) ankündigen.
	Zu erwartende Lawinenarten	▎Gleitschneelawinen; trocken/kalt und nass/0° C-isotherm ▎Fast ausschließlich spontane Auslösungen. Künstliche Auslösungen sind unwahrscheinlich.
Wo?	Räumliche Verbreitung	Vor allem auf glattem Untergrund. In allen Expositionen, aber öfter an Südhängen
	Position der Schwachschicht in der Schneedecke	Am Übergang der Schneedecke zum Boden
Warum?	Auslösemechanismen	Gleitschneelawinen lösen sich aufgrund des Reibungsverlusts zwischen Schneedecke und Boden.
Wann?	Dauer	Tage bis Monate, Auslösungen während des gesamten Winters möglich. Auslösungen können zu jeder Tages- oder Nachtzeit auftreten. Im Frühling treten sie meist im späteren Tagesverlauf auf.
Wie gehe ich damit um?	Problemerkennung im Gelände	Gleitschneerisse (Fischmäuler) sind zwar einfach zu erkennen, der Auslösezeitpunkt kann jedoch so gut wie nicht vorhergesagt werden. Auslösungen sind auch ohne die Bildung von Gleitschneerissen möglich.
	Verhaltensempfehlung	Halte dich nicht in der Nähe von Gleitschneerissen auf!

Mögliches Gefahrenmuster ist gm.2

gefahrenmuster.1
bodennahe schwachschicht

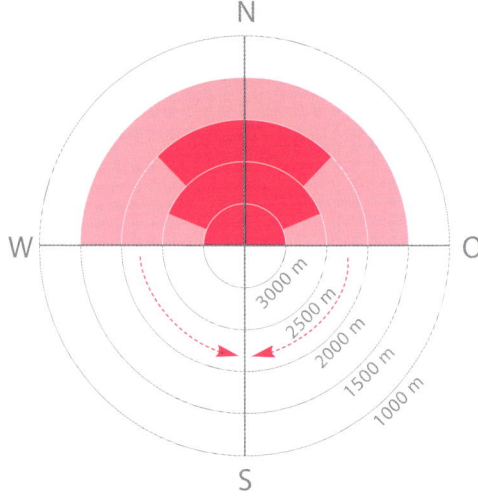

| Okt | Nov | Dez |

Zu Winterbeginn beobachtet man Schneebrettlawinen vermehrt nach dem zweiten bedeutsamen Schneefall, und zwar in hohen (> 2000 m) und hochalpinen (> 3000 m) Lagen im schattigen, sehr steilen Gelände. Dies hat damit zu tun, dass sich im Herbst nach den ersten großen Schneefällen meist eine längere, stabile Hochdruckwetterlage bzw. niederschlagsfreie Zeit einstellt. Dann herrschen ideale Bedingungen für die zumindest teilweise Umwandlung dieses Schnees zu lockeren Kristallen, die wiederum eine bodennahe Schwachschicht für die nachfolgenden Schneefälle bilden können.

Im Verlaufe des Frühwinters sind davon mitunter auch andere Höhenlagen und Hangausrichtungen betroffen. Generell gilt, dass bodennahe Schwachschichten vom Frühwinter von Wintersportlern vermehrt zu Winterbeginn – während schneearmer Winter häufig auch noch später – zu stören sind. Dies gilt generell auch für das Frühjahr, wenn bodennahe Schwachschichten durch Wassereintrag neuerlich geschwächt werden können.

lawine geier.

Beim Lawinenunfall am Geier lösen sich über große Flächen mehrere Lawinen. Fünf Personen kommen dabei ums Leben. Entsprechend groß ist das mediale Interesse. Die Ursache des Lawinenabgangs liegt in einem massiven Altschneeproblem, welches typisch für den Winter 2015/16 ist.

☐ **Unfallhergang**

Zwei aus Tschechien stammende Gruppen befinden sich unabhängig voneinander in der Wattener Lizum. Eine der Gruppen besteht aus zwölf Personen inklusive zwei Freeride-Führern, die andere aus acht Personen. Die zwölfköpfige Gruppe spurt von der Lizumer Hütte in den Talboden und von dort Richtung Geier. Bei einer Hangversteilung drehen die Wintersportler um und versammeln sich nach einer kurzen Abfahrt bei einer Verflachung auf etwa 2300 m.
Dort werden sie von der zweiten Gruppe überholt. Diese folgt anfangs der bereits vorhandenen Aufstiegsspur und setzt dann den Weg Richtung Geier fort. Sieben Personen dieser achtköpfigen Gruppe erreichen problemlos einen Boden unterhalb des Gipfelaufbaus. Die zwölfköpfige Gruppe hat inzwischen wieder aufgefellt und steigt erneut auf. Sie befindet sich gerade mit entsprechenden Entlastungsabständen mit der achten Person der ersten Gruppe im Steilhang, als sich plötzlich oberhalb von ihnen eine Schneebrettlawine löst. Leicht zeitverzögert gehen fünf weitere Lawinen ab. Drei davon überspülen zumindest teilweise den Ablagerungsbereich der primären Lawine. Zehn Personen werden total, drei Personen teilweise verschüttet. Einer der Teilnehmer informiert die Leitstelle Tirol. Es folgt

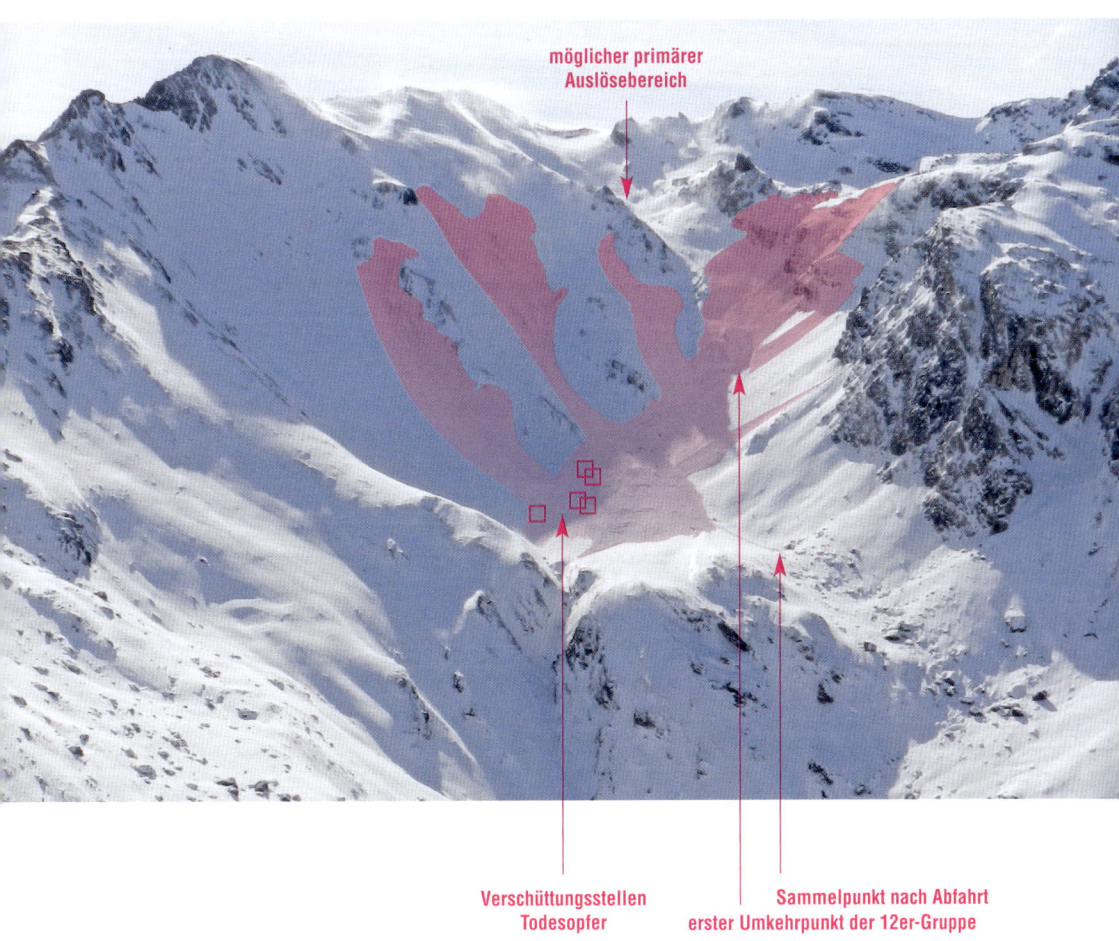

Wo Geier / Tuxer Alpen / 2620 m / NO-Hang / 38°
Wer 20 beteiligte Personen / 2 verletzte Personen / 5 getötete Personen
Wann 6. 2. 2016, 12:10 Uhr
Lawine Schneebrettlawine (trocken) / L 700 m / B 150 m / Anriss 0,6–2 m / Verschüttung 1,2–3,5 m / bis 3 Std.
Regional gültige Gefahrenstufe 3 (erheblich)
Schlagzeile LLB Vorsicht vor Triebschnee in größeren Höhen. Altschneeproblem im Bereich von schneearmen Stellen.
Lawinenproblem Altschnee

Schneeprofil in der Nähe des vermuteten Auslösebereichs. Primäre Schwachschicht in Form von kantigen Kristallen im Bereich der Schneesäge, darunter eine Schmelzkruste samt altem Schmelzwasserkanal.

eine groß angelegte Suchaktion, bei der u. a. vier Hubschrauber im Einsatz stehen. Alle total verschütteten Personen werden mittels LVS-Gerät geortet. Fünf von ihnen können nur mehr tot geborgen werden.

☐ **Analyse**

Wetter und Schneedecke. Das Wetter vor dem Unfall ist wechselhaft. Zwischen dem 30. 1. und dem 1. 2. schneit es anfangs mit einer Kaltfront bis ins Tal, dann folgt eine Warmfront mit Regen bis etwa 2400 m. Anschließend geht die Temperatur wieder zurück. Ab dem 3. 2. folgt weiterer Schneefall. In Summe betragen die Neuschneemengen im Unfallgebiet während der dem Unfalltag vorangegangenen Woche bis etwa 50 cm. Begleitet werden die Schneefälle von teils kräftigem Wind. Umfangreiche Schneeverfrachtungen sind die Folge.
Entscheidend für den Unfall ist neben dem unmittelbar vorangegangenen Wettergeschehen der Schneedeckenaufbau. Wichtig erscheinen insbesondere bodennahe Schwachschichten, die sich während dieses, bis dahin sehr schneearmen und überdurchschnittlich warmen Winters gebildet haben. Es handelt sich um lockere Schichten aus kantigen Kristallen im Bereich zumindest einer dünnen Schmelzkruste. Die Schwachschicht befindet sich durchschnittlich etwa 40 cm unterhalb der Schneeoberfläche. Das Gewicht eines Wintersportlers reicht somit häufig aus, um diese Schwachschicht zu stören. Das Altschneeproblem mit den bodennahen Schwachschichten ist zu diesem Zeitpunkt in den

lockere, kantige Schicht
Schmelzwasserkanal

gm.1 erkennen

Die Bildung einer bodennahen Schwachschicht ist die Voraussetzung für dieses Gefahrenmuster. Probleme treten deshalb dort auf, wo bereits eine zusammenhängende Altschneedecke vorhanden ist, welche anschließend von gebundenem Schnee (meist handelt es sich um Triebschnee) überlagert wird. Dies trifft zu Winterbeginn bevorzugt auf schattiges, sehr steiles und kammnahes Gelände in größeren Höhen zu und ist somit recht gut zu lokalisieren.

Eingezeichnet ist der erste ungefähre Umkehrpunkt der 12-er Gruppe. Während des Lawinenabgangs befinden sich die Personen in diesem Hang.

inneralpinen Regionen in Schattenhängen oberhalb etwa 2300 m sowie in besonnten Hängen oberhalb etwa 2500 m besonders ausgeprägt. Offensichtlich wird bei dem Unfall auch die flächige Verbreitung der Schwachschicht samt deren markanten Bruchausbreitung. Neben der ausgeprägten Schwachschicht bedarf es dazu eines „perfekten Brettes". Diese bildet sich ab dem 30. 1., einerseits begünstigt durch die erwähnte Warmfront (mit Regen bis etwa 2400 m hinauf), andererseits durch die folgenden Schneefälle samt kräftigem Wind. Bezüglich des primären Auslösebereichs lassen sich keine 100-prozentigen Aussagen treffen. Nach Zeugenbefragungen deutet jedoch Vieles darauf hin, dass die Lawine von einem Teil der achtköpfigen Gruppe im flachen Gelände, etwa 150 m entfernt von den Unfalllawinen, ausgelöst wird. Es handelt sich somit vermutlich um eine beeindruckende Fernauslösung.

Lawinen. Während der Nacht vom 31. 1. auf den 1. 2. herrscht kurzfristig große Lawinengefahr. Spontane Lawinen im ganzen Land sind die Folge. Auch in der Wattener Lizum kann man im sehr steilen Gelände einige Schneebrettlawinen beobachten, deren Ausrichtungen und Höhenbereiche zum Teil auch den Unfalllawinen am Geier entsprechen.
Der 6. 2. entpuppt sich als ein Tag mit insgesamt 20 Lawinenereignissen, bei denen Personen involviert sind. Die allermeisten davon haben mit bodennahen Schwachschichten vom Frühwinter zu tun. Einige weisen hinsichtlich der großflächigen Bruchausbreitung und zum Teil beachtlicher Fernauslösungen Ähnlichkeiten mit den Lawinen vom Geier auf.

Gelände. Das Anrissgebiet befindet sich im Nordsektor in einem Höhenbereich zwischen etwa 2600 und 2700 m und ist sehr steil bis extrem steil. Die Normalroute auf den Geier, die auch von den beiden Gruppen gewählt wird, weist stellenweise eine Hangneigung von etwa 35° auf, meist jedoch ist diese geringer. Das kesselförmige Gelände sowie die darunter befindliche Hangverflachung üben einen negativen Einfluss hinsichtlich der Lawinenablagerung aus. Dadurch konzentrieren sich die zeitlich verzögert abgehenden Lawinen auf den flacheren Bereich auf einer Seehöhe von etwa 2300 m. Die Lawinenablagerung wird dort bis zu 5 m hoch geschätzt.

Das große Lawinenausmaß sowie beachtliche Lawinenschollen stellen eine Herausforderung für die Rettungsmannschaft dar.

hintergrundwissen bodennahe schwachschicht.

gm.1 definition

Bodennahe Schwachschichten bilden sich bevorzugt im Frühwinter durch Umwandlungsprozesse der Schneedecke. Diese geschehen vermehrt während längerer Schönwetterphasen nach den ersten Schneefällen. Häufig ist dies auch im Bereich von oberflächennahen Krusten (z. B. Regen- bzw. Schmelzkrusten) der Fall. Die dabei gebildeten Schwachschichten sind locker, meist dünn und befinden sich im Nahbereich der Schneeoberfläche. Gefährlich wird es immer dann, wenn solche Schwachschichten eingeschneit werden.

Das Prinzip der Schneebrettauslösung: Gebundener Schnee liegt auf einer Schwachschicht, die sich bei gm.1 in Bodennähe befindet.

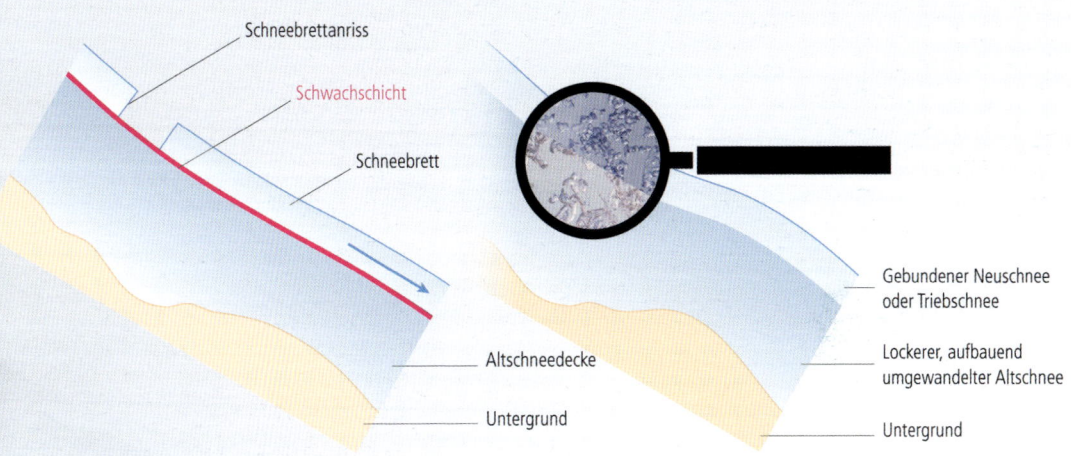

☐ Schneebrettlawinen

Um zu verstehen, warum eine bodennahe Schwachschicht zum Gefahrenmuster wird, muss man den Begriff „Schneebrett" verstehen: Ein Schneebrett bzw. eine Schneebrettlawine ist eine Lawinenart, bei der ein ganzes Paket (= Brett) aus gebundenem Schnee fast explosionsartig auf einer darunterliegenden Schwachschicht abbricht. Der Anriss ist immer scharfkantig, und es gerät blitzschnell eine ganze Fläche in Bewegung. Schneebrettlawinen sind für mindestens 95 % der tödlichen Lawinenunfälle verantwortlich. Zeitlich gesehen kann dieses Gefahrenmuster erst nach dem ersten Schneefall auftreten, weil es eine gewisse Zeit dauert, bis sich eine aufbauend umgewandelte Schwachschicht bildet.

Je lockerer und bindungsloser die Schwachschicht ist, desto schlechter ist die Verbindung mit dem darüber abgelagerten Schnee (sobald dieser gebunden ist) und umso leichter lassen sich Lawinen auslösen. Ein nicht zu unterschätzendes Problem von gm.1 ist sicher auch, dass der markante und unmittelbare Anstieg der Lawinengefahr im Frühwinter aufgrund der noch geringen Schneehöhen ganz einfach unterschätzt wird. Schon ein sehr kleines Schneebrett mit 20 x 20 m (= 400 m²) hat bei einer Anrisshöhe von 50 cm bereits ein Volumen von 400 x 0,5 – also 200 m³. Bei einer durchschnittlichen Dichte von 200 kg/m³ ergibt das (200 x 200) 40.000 kg, also 40 Tonnen Schnee, was dem Gewicht eines voll beladenen Transit-Lkws entspricht! Ein Schweizer Sprichwort lautet zu Recht: „Eine Wanne voll Schnee kann dir das Leben nehmen!"

lawine gaislachkogel.

Lawine. Das US-Skiteam befindet sich für Trainingszwecke in Sölden. Während einer Trainingspause beschließen sechs Personen des Teams vom Gaislachkogel über nordexponiertes, zum Teil extrem steiles Variantengelände abzufahren. Sie folgen anfangs bereits vorhandenen Spuren. Auf einer Seehöhe von etwa 2400 m fährt die Gruppe gleichzeitig in einen teilweise extrem steilen Hang ein und löst dort ein Schneebrett aus. Vier Personen gelingt die Schussflucht, zwei junge Skirennläufer werden mitgerissen und auf der gesperrten, im Rettenbachtal verlaufenden Talabfahrt ca. 3 m tief verschüttet. Da sie keine Notfallausrüstung bei sich haben, verzögert sich die Ortung und schlussendlich die Bergung. Beide Skirennläufer versterben noch an der Unfallstelle.

Kurzanalyse. Anfang Jänner werden in Tirol zahlreiche Lawinen von Wintersportlern ausgelöst. Schuld daran sind ausgeprägte bodennahe Schwachschichten im Altschnee, die sich während eines schneearmen Frühwinters gebildet haben. Diese bestehen aus einer Abfolge von dünnen Schichten aus lockeren, kantigen Kristallen und Regen- bzw. Schmelzkrusten. Darüber lagert vom Wind verfrachteter Neuschnee, der zu Silvester gefallen ist. Stabilitätstests zeigen in weiten Teilen Tirols eine hohe Störanfälligkeit der Schneedecke bei einer allgemein hohen Bereitschaft zur Bruchausbreitung. Setzungsgeräusche und Rissbildung stehen an der Tagesordnung. Entsprechend wird im Lawinenreport auf eine heikle Situation für den Wintersportler hingewiesen. Ungünstig erscheint zudem die Tatsache, dass es sich teilweise um extrem steiles Gelände handelt und sich die Wintersportler gleichzeitig im damals noch wenig verspurten Hang befinden. ∎

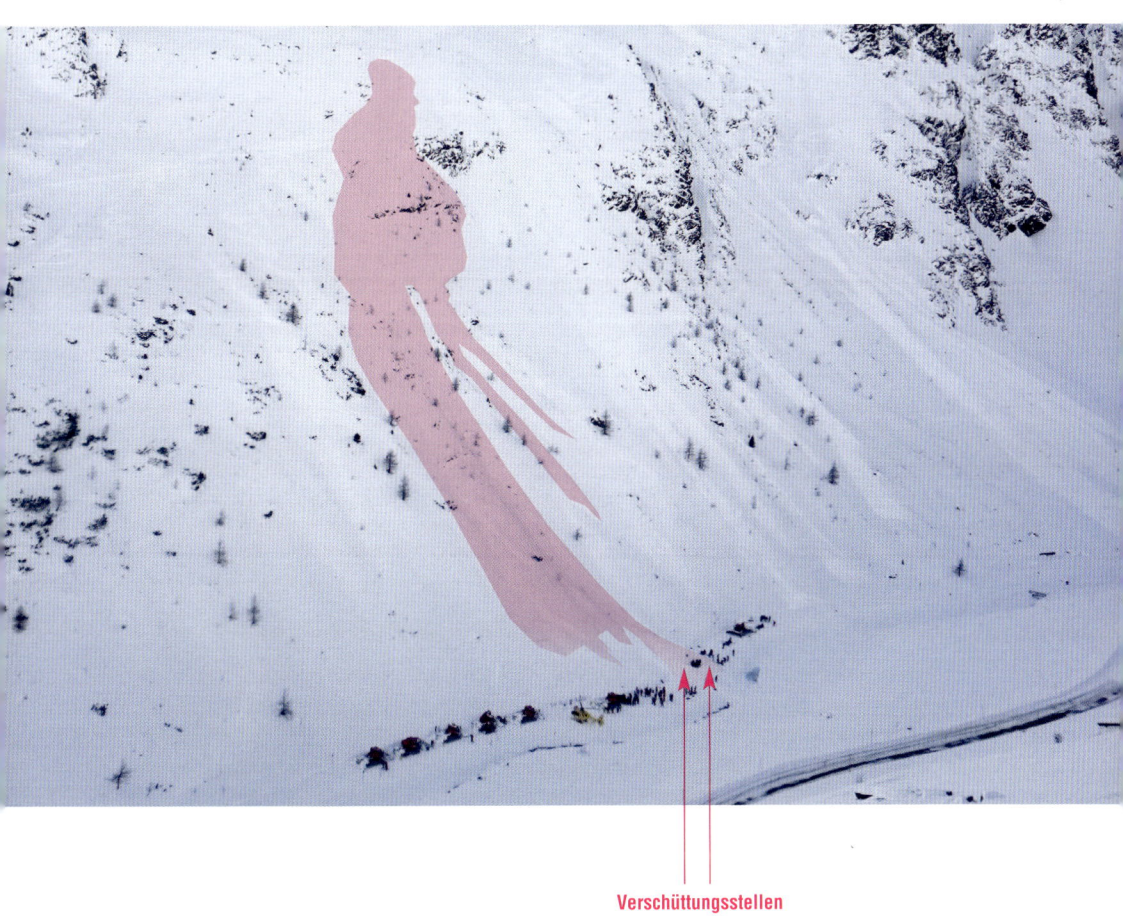

Verschüttungsstellen

Wo Gaislachkogel / Südliche Ötztaler Alpen / 2340 m / NW-Hang / 42°
Wer 6 beteiligte Personen / 2 getötete Personen
Wann 5. 1. 2015, 9:15 Uhr
Lawine Schneebrettlawine (trocken) / L 350 m / B 30 m / Anriss 0,3–0,5 m / Verschüttung ca. 3 m / ca. 1 Std.
Regional gültige Gefahrenstufe 3 (erheblich)
Schlagzeile LLB Oberhalb 2200 m verbreitet heikle Lawinensituation!
Lawinenproblem Altschnee

lawine olperer.

Lawine. Zwei einheimische Bergsteiger lösen beim Abstieg vom 3476 m hohen Olperer in einem extrem steilen Nordhang ein Schneebrett aus, das beide mitreißt und total verschüttet. Der Unfall wird von einem Wintersportler beobachtet. Dieser setzt einen Notruf ab und kann als Ersthelfer einen der Beteiligten rasch auffinden. Eine aus dem Schnee ragende Hand dürfte dieser Person das Leben gerettet haben. Da die zweite Person kein LVS-Gerät bei sich hat, muss die Lawine systematisch sondiert und von Lawinenhunden abgesucht werden. Einem der Hunde gelingt es nach etwa 2,5 Stunden die Person zu orten. Bei einer Verschüttungstiefe von knapp 2 m kommt jede Hilfe zu spät.

Kurzanalyse. Die Schneebrettlawine wird im hochalpinen, kammnahen, sehr steilen und schattigen Gelände von den Alpinisten ausgelöst. Neuschneefälle von Mitte September legen den Grundstein für diesen Lawinenunfall. Der Schnee bleibt in großen Höhen im schattigen Gelände liegen. Durch die anschließende überdurchschnittlich warme Witterung bis Ende September entsteht an der Schneeoberfläche eine Schmelzkruste. Als es Anfang Oktober bei einem Neuschneezuwachs zwischen 10 und 15 cm unterdurchschnittlich kalt wird, entwickeln sich durch den Temperaturgradienten unterhalb dieser Kruste kantige, lockere Kristalle. Zwischen dem 9. 10. und dem 12. 10. schneit es nochmals etwa 25–30 cm. Ab dem 13. 10. verfrachtet dann stürmischer Südföhn hochalpin diesen Schnee. Es entstehen frische, harte Triebschneepakete. Aufgrund von Stabilitätstests kann mit hoher Wahrscheinlichkeit davon ausgegangen werden, dass einer der absteigenden Bergsteiger im extrem steilen Gelände den entscheidenden Impuls für die Störung der bodennahen Schwachschicht gegeben hat. ▮

Wo Olperer / Zillertaler Alpen / 3350 m / N-Hang / 50°
Wer 2 beteiligte Personen / 1 getötete Person, 1 verletzte Person
Wann 16. 10. 2017, 14:10 Uhr
Lawine Schneebrettlawine (trocken) / L 180 m / B 40 m / Anriss 0,35 m / Verschüttung ca. 2 m / ca. 2,5 Std.
Regional gültige Gefahrenstufe 3 (erheblich)
Schlagzeile LLB Blogeintrag ohne Gefahrenstufe
Lawinenproblem Altschnee / Triebschnee

gefahrenmuster.2
gleitschnee

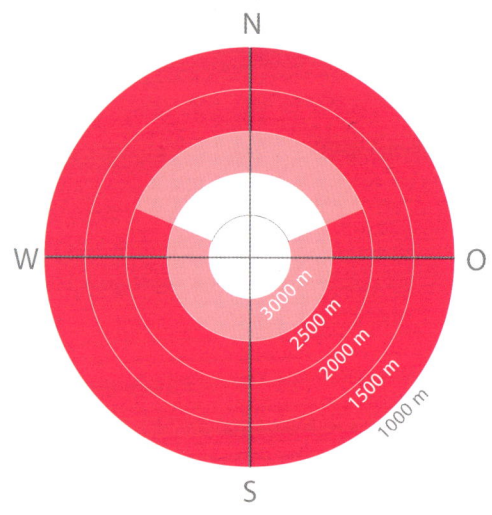

| Okt | Nov | Dez | Jan | Feb | März | April |

Schnee gleitet bevorzugt auf steilen, glatten Flächen talwärts. Dabei bilden sich Gleitschneemäuler, also gut sichtbare, teilweise mehrere Meter tiefe Risse in der Schneedecke. Solche Gleitschneemäuler gelten entgegen einer alten, leider schwer auszurottenden „Lehrmeinung" nicht als günstige, sondern durchwegs als ungünstige Kriterien hinsichtlich eines möglichen Lawinenabgangs. Ein Gleitschneemaul deutet auf die Möglichkeit einer Gleitschneelawine hin, sagt jedoch nichts darüber aus, ob und wann die Schneemasse tatsächlich als Gleitschneelawine abgeht. Gleitschneelawinen zählen hinsichtlich des Abgangszeitpunktes zu den am schwierigsten vorhersagbaren Lawinen, weil diese auch bei allgemein stabilen Schneeverhältnissen zu jeder Tages- und Nachtzeit, sowohl am kältesten als auch am wärmsten Tag eines Winters abgehen können. Zudem sind Gleitschneelawinen nicht durch Zusatzbelastung auszulösen.

lawine hochfügener landesstraße.

Kleiner Impuls, große Wirkung und viel Glück: So lässt sich ein Lawinenabgang auf die Hochfügener Landesstraße Anfang März 2012 kurz umschreiben. An einem sehr warmen Tag löst sich oberhalb der Straße eine kleine Gleitschneelawine, die sich zu einer großen Nassschneelawine entwickelt. Ein bergwärts fahrendes Auto wird erfasst. Es sind wohl viele Schutzengel beteiligt, dass einerseits nicht mehr Fahrzeuge verschüttet werden und andererseits die mitgerissene Person mit Verletzungen davonkommt.

☐ **Unfallhergang**

Am 4. 3. löst sich kurz vor 15:00 Uhr unterhalb des Kuhmessers (2264 m) im kammnahen, extrem steilen, nach Süden ausgerichteten Gelände eine anfangs kleine Gleitschneelawine. Diese Gleitschneelawine reißt in der Sturzbahn die durchfeuchtete bzw. teilweise vollkommen durchnässte Schneedecke großflächig mit und entwickelt sich dadurch zu einer gewaltigen Nassschneelawine, die sich in zwei Arme aufteilt. Jeder dieser Lawinenarme verschüttet die damals offene Straße nach Hochfügen. Beim orographisch rechten Teil der Lawine sind es 170 m, beim orographisch linken Teil ca. 70 m. Die Lawinenablagerung beträgt zwischen 3 und 5 m! Vom orographisch rechten Lawinenarm wird ein Einheimischer in seinem Auto erfasst und mitgerissen. Das Auto wird total zerstört, der Fahrer schwer verletzt. Ein zweites Richtung Hochfügen fahrendes Auto einer holländischen Familie wird von der Lawine glücklicherweise nur gestreift.

ursprüngliche Gleitschneelawine — Gleitschneerisse

Wo Hochfügener Landesstraße / Tuxer Alpen / 2260 m / SO-Hang / 40°
Wer 1 beteiligte Person / 1 verletzte Person
Wann 4. 3. 2012, 15:00 Uhr
Lawine Gleitschneelawine (nass) / L 500 m / B 5 m (anfangs) / Anriss 1,5 m / Verschüttung 30 Min.
Regional gültige Gefahrenstufe 2 (mäßig)
Schlagzeile LLB Gleitschneelawinen beachten!
Lawinenproblem Gleitschnee / Nassschnee

Gewaltige Schneemassen erschweren die Suchaktion.

Die sofort eingeleitete Suchaktion dauert bis 20:00 Uhr, bis mit Sicherheit davon ausgegangen werden kann, dass keine weiteren Personen von der Lawine erfasst wurden. Wegen des Lawinenabgangs sind ca. 1500 Tagesgäste in Hochfügen kurzfristig eingeschlossen.

☐ **Analyse**

Wetter und Schneedecke. Ein wetterbestimmendes Hoch beginnt sich langsam abzuschwächen. Am Unfalltag ist es – ähnlich den vorangegangenen Tagen – überdurchschnittlich warm. Man findet deshalb im Anrissgebiet eine bis zum Boden feuchte bzw. meist sogar völlig durchnässte Schneedecke. Auch der während der Nacht gebildete Harschdeckel ist am Morgen nur dünn und weicht im Tagesverlauf wieder rasch auf. Betrachtet man die Altschneedecke, so fehlen in der betreffenden Höhenlage und Hangausrichtung ausgeprägte Schwachschichten. Man muss deshalb kaum mit Schneebrettlawinen, sondern vornehmlich mit nassen Lockerschnee- und Gleitschneelawinen rechnen, deren Abgangswahrscheinlichkeit mit der fortschreitenden Durchnässung steigt.

Lawinen. Der Unfall passiert zu einer Zeit, als in Tirol zahlreiche Gleitschneelawinen abgehen. Eindringlich wird deshalb in den Lawinenreporten und Blogeinträgen vor dieser unberechenbaren Gefahr gewarnt. Es wird geraten, Bereiche unterhalb von Gleitschneerissen möglichst zu meiden und Auslauflängen möglicher Lawinen zu beachten. Letzteres umso mehr, weil es sich um einen überdurch-

Verschüttungsstelle des Autos

Die fortschreitende Durchnässung führt jedes Jahr zu zahlreichen Gleitschneeabgängen an der Innsbrucker Nordkette wie hier Anfang März 2012.

gm.2 erkennen

> Bei aller Unberechenbarkeit ihres Abgangszeitpunktes lassen sich Gleitschneelawinen zumindest hinsichtlich des Abgangsortes leicht erkennen. Sie kündigen sich zumeist über längere Zeiträume durch gut sichtbare Gleitschneemäuler an. Zudem fällt bei Beobachtung während mehrerer Winter auf, dass Gleitschneelawinen sehr häufig an denselben Stellen abgehen.

schnittlich schneereichen Winter im Norden des Landes handelt. Für Skitourengeher mögen solche Hinweise hilfreich und relativ einfach umzusetzen sein. Sicherungspflichtige stoßen gerade bei der Gefahr von Gleitschneelawinen an ihre Grenzen. Denn die einzig geeigneten Maßnahmen, um vor Gleitschneelawinen sicher zu sein, sind neben dauerhaften Sperren nur Verbauungen oder die Entfernung des Schnees im Bereich von Rissen, was jedoch nur in vereinzelten Fällen (z. B. in gut zugänglichen, kleinen Hängen von Skigebieten) möglich ist. Die im Anrissgebiet installierten Sprengeinrichtungen sind im Hinblick auf Gleitschneelawinen nahezu wirkungslos. Denkbar wäre damals einzig die künstliche Auslösung von nassen Lockerschneelawinen im Anrissgebiet gewesen, welche folglich – ähnlich der anfänglich kleinen Gleitschneelawine – die nasse Schneedecke großflächig hätten mitreißen können. Es braucht allerdings viel Erfahrung, um dazu den richtigen Zeitpunkt zu erwischen. Dies zeigt sich u. a. auch daran, dass zwei Tage zuvor durchgeführte Sprengungen erfolglos blieben.

Gelände. Das Anrissgebiet ist extrem steil, Richtung SO exponiert und somit intensiv der Sonneneinstrahlung ausgesetzt. Man kann davon ausgehen, dass die Schneedecke zum Abgangszeitpunkt komplett durchnässt ist und sich die Lawine abrupt löst. Was bleibt, ist die Erkenntnis, dass bei erstmaliger massiver Durchnässung der Schneedecke mit vermehrten spontanen Lawinen – auch von Gleitschneelawinen – zu rechnen ist, was Sicherungspflichtige entsprechend berücksichtigen sollten. Schlussendlich muss man jedoch anerkennen, dass Gleitschneelawinen neben Eislawinen zu den unberechenbarsten und am schwierigsten einzuschätzenden Lawinenarten zählen. Eine 100-prozentige Sicherheit wird es auch zukünftig trotz bestem Wissen und höchstmöglicher Sorgfalt nicht geben!

hintergrundwissen gleitschnee.

gm.2 definition

Gleitschnee steht für die hangparallele Bewegung der gesamten Schneedecke. Eine solche Bewegung wird maßgeblich von der Bodenrauigkeit beeinflusst. Je glatter der Untergrund, desto eher muss man mit dem Auftreten von Gleitschneelawinen im Steilgelände rechnen. Gleitschneelawinen sind typischerweise auf steilen Wiesenhängen oder auf glattem (felsigen) Untergrund zu beobachten.

Kriechbewegungen an einer Lawinenanrisskante sowie nach sehr intensiven Neuschneefällen im extremen Steilgelände.

☐ Kriech- und Gleitbewegung

Prinzipiell bewegt sich jede im geneigten Gelände abgelagerte Schneedecke aufgrund der Schwerkraft geringfügig talwärts. Dies geschieht als Folge des Setzungsprozesses der Schneedecke ohne erkenntliche Rissbildung. Die Schneedecke bleibt dabei am Boden verankert und bewegt sich nur in den darübergelagerten Schneeschichten. Man bezeichnet das als „Schneekriechen". Je steiler das Gelände, je mächtiger die Schneedecke und je näher an der Schneeoberfläche, desto intensiver ist diese Kriechbewegung und desto größer sind die dabei auftretenden Spannungen. Beim „Schneegleiten" bewegt sich die Schneedecke zusätzlich langsam auf dem Untergrund. Dadurch kann die gesamte Schneedecke bis zum Boden aufreißen. Es bilden sich die Gleitschneemäuler. Über die Gleitschneemäuler kann zusätzlich Schmelzwasser an die Basis der Schneedecke gelangen. In Folge können dann Gleitschneelawinen abgehen. Ein Gleitschneemaul kann auch den Winter über bestehen bleiben, ohne dass sich eine Gleitschneelawine löst. Umgekehrt beobachtet man hier und da einen Lawinenabgang innerhalb eines kurzen Zeitraums (weniger als eine Stunde) nach Auftreten der Rissbildung.

☐ Entscheidend ist die Grenzfläche zwischen Boden und Schnee

Das wichtigste Kriterium für einen möglichen Lawinenabgang stellt die Beschaffenheit der Grenzfläche zwischen Boden und Schnee dar. Freies Wasser bzw. ein dünner Wasserfilm an dieser

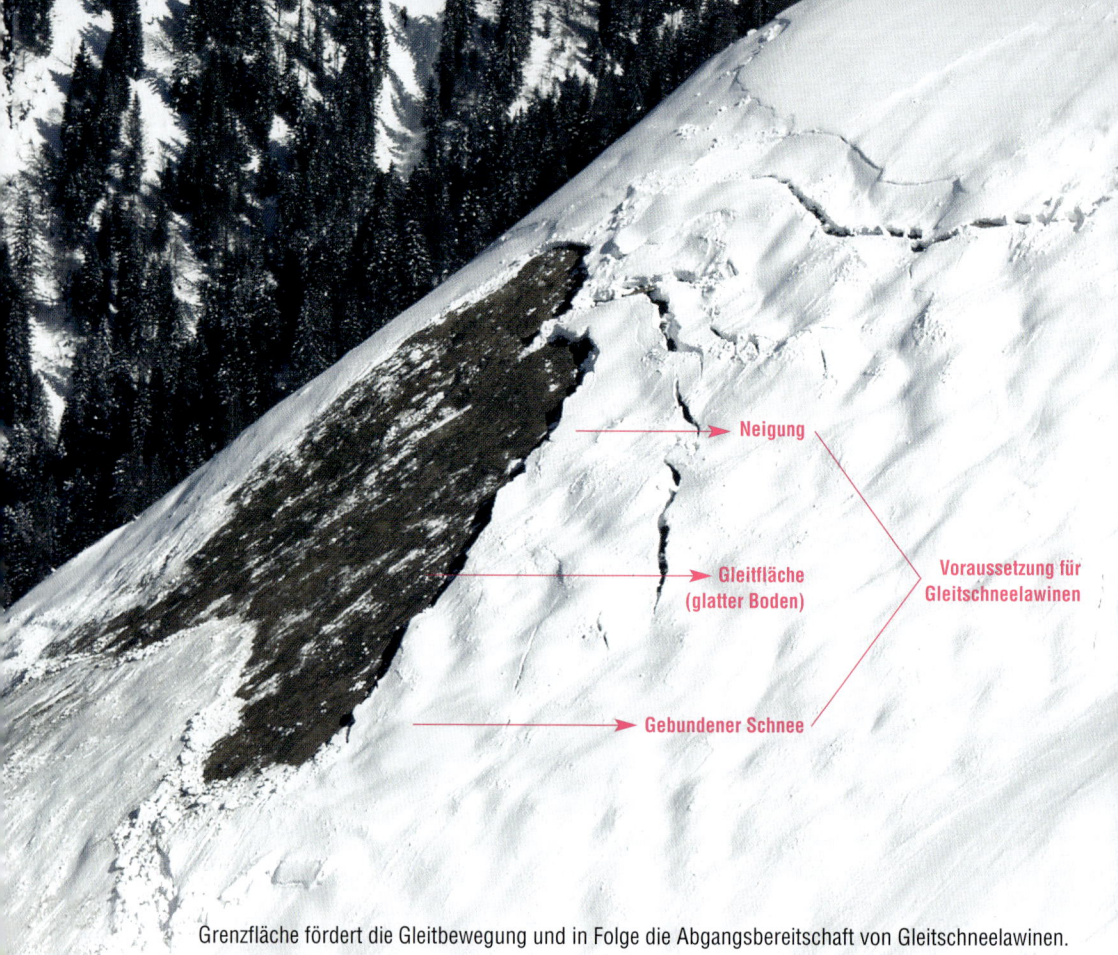

Grenzfläche fördert die Gleitbewegung und in Folge die Abgangsbereitschaft von Gleitschneelawinen. Somit erhöhen Regen sowie massive Erwärmung die Wahrscheinlichkeit von (Gleitschnee-)Lawinenabgängen. Begünstigend ist auch ein frühes, massives Einschneien, da die Bodentemperatur dann relativ warm und der erwähnte Wasserfilm dadurch ausgeprägter ist.

Die Wahrscheinlichkeit eines Lawinenabgangs steigt in Folge auch mit fortschreitender Gleitbewegung. Der Hintergrund: Die Gleitbewegung nimmt im Normalfall vor einem Abgang deutlich zu.

☐ **Auslösemechanismus**

Vergleicht man die Schneebrettlawine mit der Gleitschneelawine, so fallen anfangs Gemeinsamkeiten auf: Die Neigung muss passen – typischerweise handelt es sich um Hänge, die steiler als 30° abfallen. Für beide Lawinen benötigt man eine Gleitfläche und für beide Lawinen muss der oberhalb der Gleitfläche lagernde Schnee gebunden sein. Nur so können Kräfte über größere Flächen hinweg übertragen werden. Für beide typisch ist der scharfkantige Anriss. Der große Unterschied: Die Gleitfläche besteht bei der Schneebrettlawine aus Schnee. Die Bruchausbreitung erfolgt über eine Schwachschicht. Bei der Gleitschneelawine hingegen gleitet die Schneemasse unmittelbar am gewachsenen Boden bzw. auf festem Untergrund ab. Dort existiert eine nasse Schmierschicht, jedoch keine Schwachschicht, über die eine Bruchausbreitung möglich wäre. ▎

gm.2 praxistipp

Bei der Routenplanung sollte man Bereiche unterhalb von Gleitschneemäulern möglichst meiden bzw. einen entsprechend großen Respektabstand im Auslaufbereich dieser Lawinenart einhalten.

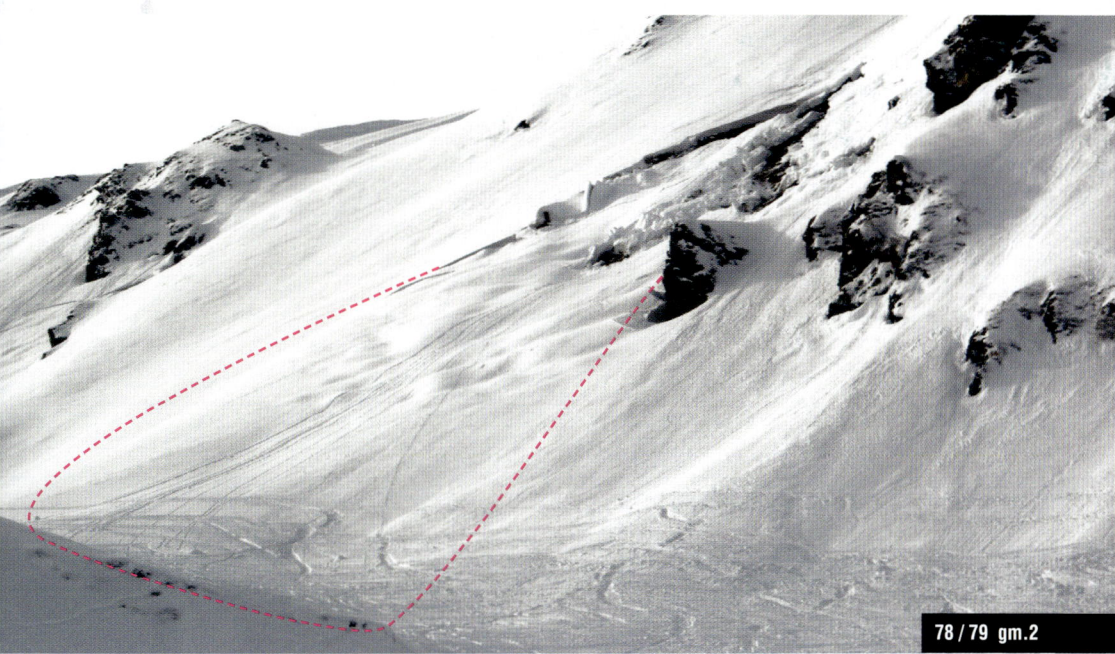

mögliche Lawinenbahn

lawine innsbrucker nordkette arzler scharte.

Lawine. Die Arzler Scharte oberhalb von Innsbruck zieht von Jahr zu Jahr mehr Skitourengeher an, egal ob im Hochwinter bei Pulverschnee oder aber im Frühjahr bei Firnverhältnissen. Der 1. 3. 2012 ist einer jener Tage, der sich für eine Skitour anbietet. Nach einer klaren Nacht kann man bei rechtzeitiger Abfahrt im nach Süden ausgerichteten Steilgelände mit tollem Firn rechnen. Zeitig brechen deshalb auch einige Personen zur Tour in Richtung Arzler Scharte auf. Was wohl alle Personen überrascht, ist die frische, flächige Ablagerung einer großen Gleitschneelawine, die einen beachtlichen Teil der Route überspült hat. Die Lawine ist in den Nachtstunden vom 29. 2. auf den 1. 3. spontan abgegangen.

Kurzanalyse. Wir befinden uns in einer damals überdurchschnittlich schneereichen Region in einem Winter, der als „Gleitschneelawinenwinter" in die Geschichte eingeht. Auf steilen Grashängen beobachtet man verbreitet Risse in der Schneedecke, die auf die Gleitbewegung hinweisen. Nimmt man die Tour auf die Arzler Scharte genauer unter die Lupe, so erkennt man auch dort – besser aus der Ferne, als es während der Tour möglich ist – seitlich versetzte Gleitschneerisse weit oberhalb der Aufstiegsroute. Zugegeben: Bei der Planung einer Tour auf die Arzler Scharte denken auch Einheimische eher nicht an die Bedrohung durch Gleitschneelawinen, da der Untergrund im Bereich der Route durchwegs aus Schotter besteht. Gleitschneelawinen sind dort also definitiv nicht möglich; ganz anders im Anrissgebiet, dem steilen Wiesengelände oberhalb der Rinne. Überraschend für viele ist sicher auch der Abgangszeitpunkt: Die Lawine löst sich während einer sternenklaren Nacht. ∎

Gleitschneelawine

Wo Innsbrucker Nordkette – Arzler Scharte / Westliche Nordalpen / 2100 m / SW-Hang / 35°
Wer keine beteiligten Personen
Wann 1. 3. 2012, 1:00 Uhr
Lawine Gleitschneelawine (feucht) / L 600 m / B 70 m / Anriss 2,5 m
Regional gültige Gefahrenstufe 2 (mäßig)
Schlagzeile LLB Tageszeitlicher Anstieg der Lawinengefahr – Nassschneelawinen aus sehr steilem, besonnten Gelände
Lawinenproblem Gleitschnee

lawinen arlberg.

Lawine. Zu Beginn des Jahres 2012 stürzen im Arlberggebiet mehrmals Wintersportler in Gleitschneerisse. Stellvertretend für diese Ereignisse, bei denen die Personen nur geringfügig verletzt werden, soll hier die Situation pauschal beschrieben werden. Der Variantenbereich am Arlberg ist ständig befahren. Die Lawinengefahr bereitet den Wintersportlern kaum Kopfzerbrechen. Entsprechend unbesorgt fahren sie die Hänge ab. Einigen von ihnen ist dabei nicht bewusst, dass immer wieder Fallen in Form von Gleitschneerissen lauern. So kann es vorkommen, dass bei schlechten Sichtverhältnissen offene Risse nicht rechtzeitig erkannt werden, oder aber, es bilden sich heimtückische Schneebrücken, durch die man bei Belastung durchbrechen kann. Mehrmals müssen deshalb Spaltenbergungen im Arlberggebiet – wohlgemerkt im nicht vergletscherten Gelände – durchgeführt werden.

Kurzanalyse. Die Region Arlberg-Außerfern gehört zu den sehr schneereichen Gebieten innerhalb Tirols. Entsprechend dem relativ hohen Anteil an Grashängen häufen sich dort Gleitschneelawinen. Markant sind im Winter 2011/12 die außergewöhnlichen Schneehöhen, die auch eine vermehrte Gleitschneetätigkeit zur Folge haben. Es verwundert nicht, dass deshalb einige von Rissen durchzogene Hänge, von gegenüberliegend betrachtet, wie Gletscher aussehen. Ebenso wenig überraschend ist es, dass bei der hohen Befahrungsfrequenz des Variantenbereichs am Arlberg einige Wintersportler durch Schneebrücken in diese Gleitschneerisse stürzen oder aber von offenen Rissen überrascht werden. Unweigerlich erfolgt der Sturz dann bis zum Spaltengrund, also dem (hoffentlich von Schnee bedeckten) Wiesenboden. Enorm sind in diesem Winter die möglichen Sturzhöhen von bis zu 9 m (!). ▌

Wo Arlberg / Arlberg – Außerfern / 2100 m / SO-Hang / 35°
Wer mehrere beteiligte Personen
Wann Jänner 2012
Lawine Gleitschneelawine (trocken) / Anriss bis zu 9 m
Lawinenproblem Gleitschnee

gefahrenmuster.3
regen

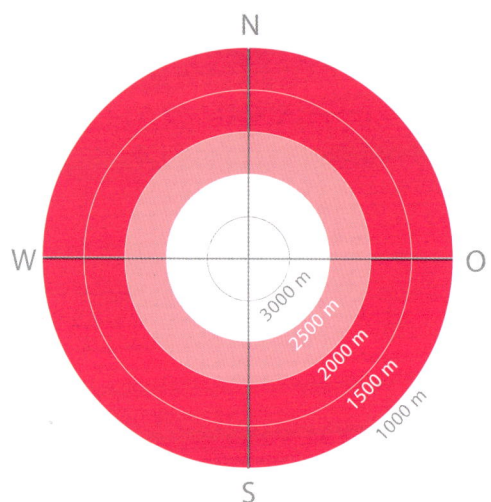

| Okt | Nov | Dez | Jan | Feb | März | April |

Regen gilt als ein klassisches Alarmzeichen in der Schnee- und Lawinenkunde, weil er einerseits zusätzliches Gewicht in die Schneedecke bringt und andererseits zu einem raschen Festigkeitsverlust führt. Lawinen sind deshalb vorprogrammiert. Regen kann in jedem Abschnitt eines Winters auftreten. Der große Vorteil: Kein Gefahrenmuster kann leichter erkannt werden als Regen.

lawine niedertal.

Lockerschneelawinen tauchen in der Unfallstatistik selten als schadenbringende Lawinen auf. Wenn, dann handelt es sich fast immer um nasse Lockerschneelawinen. Der durch Regen bedingte Festigkeitsverlust der Schneedecke spielt bei diesem Unfall, durch den ein britischer Soldat schwer verletzt wird, eine entscheidende Rolle.

☐ **Unfallhergang**

Eine 15-köpfige Gruppe britischer Soldaten steigt entlang des Niedertales von Vent in Richtung Martin-Busch-Hütte auf. Die Route entlang der Zufahrtstraße führt unterhalb teilweise extrem steiler, O-exponierter Hänge. Dort löst sich spontan eine nasse Lockerschneelawine, die sich nach unten hin verbreitert und dabei einen der aufsteigenden Soldaten erfasst. Dieser wird in den darunter befindlichen Bachgraben mitgerissen, wo er an der Schneeoberfläche mit einem schweren Schädel-Hirn-Trauma zu liegen kommt. Die Person wird reanimiert und ins Spital nach Innsbruck geflogen.

☐ **Analyse**

Wetter und Schneedecke. Der April macht bis einschließlich 12. 4. seinem Namen alle Ehre: Das Wetter ist bis zum Unfalltag wechselhaft. Typisch für die vorangegangenen Tage ist somit ein ständiger Mix aus kurzfristig zum Teil intensivem Schneefall, Wolken, Sonne und Wind. Am Unfalltag ist es

Erfassungspunkt

Wo Niedertal / Südliche Ötztaler Alpen / 2330 m / O-Hang / 45°
Wer 15 beteiligte Personen / 1 verletzte Person
Wann 12. 4. 2013, 13:00 Uhr
Lawine Lockerschneelawinen (nass) / L 300 m / B 1 m
Regional gültige Gefahrenstufe 3 (erheblich)
Schlagzeile LLB Unterhalb etwa 2000 m erhebliche Lawinengefahr
Lawinenproblem Nassschnee

Weg zur Martin-Busch-Hütte mit Lawinenablagerungen und Absturzstelle.

anfangs warm und feucht. Es regnet in der ersten Tageshälfte teilweise bis 2300 m hinauf. Das Problem innerhalb der Schneedecke findet man im Bereich der Oberfläche. Dort ist – zumindest in tiefen und mittleren Höhenlagen – der kürzlich gefallene Neuschnee angefeuchtet bzw. nass. Ansonsten dominiert zum Unfallzeitpunkt im ganzen Land eine meist stabile (Alt-)Schneedecke. Entscheidend ist bei diesem Unfall somit der Regen auf eine frisch gefallene, bereits angefeuchtete Schneedecke. Dieser führt immer zu einem massiven Festigkeitsverlust.

Lawinen. Zu dieser Jahreszeit geht die Hauptbedrohung für Wintersportler von nassen Lockerschneelawinen aus, vereinzelt auch von Gleitschneelawinen auf steilen Wiesenhängen. Bei den Lockerschneelawinen handelt es sich um eine relativ kurzfristige, jedoch offensichtliche Bedrohung. Im Lawinenreport steht u. a.: „Die Hauptgefahr geht heute von nassen Lockerschneelawinen aus, die Wintersportler in sehr steilen Hängen auslösen können. Dies betrifft Gelände, wo die Schneedecke zumindest oberflächig durchnässt ist, also vermehrt Höhenlagen unterhalb etwa 2300 m."

Gelände. Lockerschneelawinen ereignen sich nur in extrem steilem Gelände mit einer Neigung von 40° und mehr. Als Faustregel für die Praxis gilt, dass ein solches Gelände meist felsdurchsetzt ist, was bei genauer Betrachtung auch für das Einzugsgebiet der Unfalllawine zutrifft. Man erkennt gleichzeitig auch, dass es mehrere Lawinenstriche sind, die die Aufstiegsroute zur Martin-Busch-Hütte bedrohen. ∎

gm.3 erkennen

Regen stellt das am einfachsten zu erkennende Gefahrenmuster dar. Unmittelbar während des Regens muss in mäßig kalten Schneedecken (–5 bis 0°C) aufgrund des markanten Festigkeitsverlustes der Schneedecke von einer raschen Gefahrenverschärfung ausgegangen werden. Eine Ausnahme stellen sehr kalte Schneedecken dar: Dort wird das Regenwasser durch Gefrieren sofort gebunden. Der Festigkeitsverlust setzt erst dann ein, wenn die Schneedecke durch den Regen „angewärmt" wurde und sich dem Schmelzpunkt (0°C) nähert.

hintergrundwissen regen.

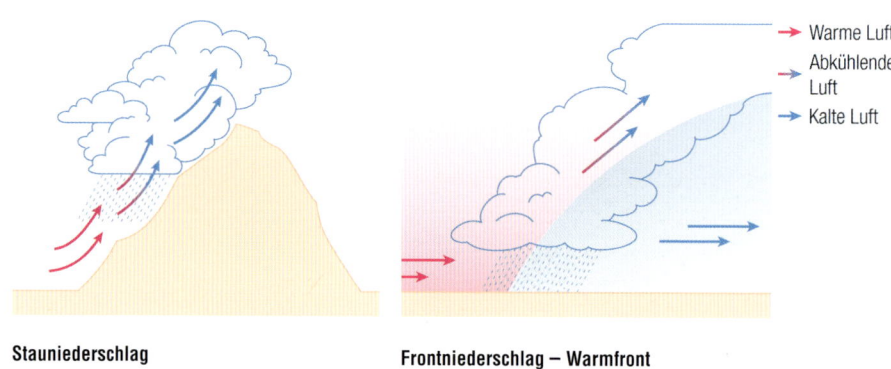

Stauniederschlag **Frontniederschlag – Warmfront**

☐ **Entstehung**

Regen bildet sich immer in Wolken. Diese bestehen je nach Höhe bzw. Temperatur entweder aus feinen Eiskristallen oder aus Wassertröpfchen und entstehen durch Abkühlung feuchter Luftmassen. Wenn dabei Eiskristalle entstehen, spricht man von Deposition, bei Wassertröpfchen entsprechend von Kondensation. In beiden Fällen werden kleine Teilchen, sogenannte Kondensationskeime (z. B. Staubpartikel), benötigt. Die entstandenen kleinen Wassertröpfchen können durch das Anlagern von Wasserdampf, weiteren Tröpfchen oder auch Eiskristallen immer weiter wachsen, bis sie so schwer werden, dass sie auch durch Aufwinde in den Wolken nicht mehr gehalten werden können und, der Schwerkraft folgend, zu Boden fallen. Der typische Durchmesser solcher Regentropfen liegt zwischen ca. 0,5 und 3 mm. Einen Hinweis, ob es eher regnen oder schneien wird, liefert im Wetterbericht die Angabe von Nullgradgrenze bzw. Schneefallgrenze. Der Unterschied zwischen beiden: Schnee kann bis etwa 300 m unterhalb der Nullgradgrenze fallen. Die Schneefallgrenze liegt also immer tiefer als die Nullgradgrenze!

Für die Einleitung von Niederschlägen ist praktisch immer die Hebung von feuchten Luftmassen verantwortlich: dadurch kühlen diese ab, es kommt zu Kondensation (bzw. Deposition) und nachfolgend zu Niederschlägen. Diese Hebung kann im Wesentlichen durch drei verschiedene Prozesse verursacht werden: durch Stau an Erhebungen (Gebirge), durch Fronten oder durch Konvektion.

gm.3 definition

Regen ist die am häufigsten auftretende Form des Niederschlages.

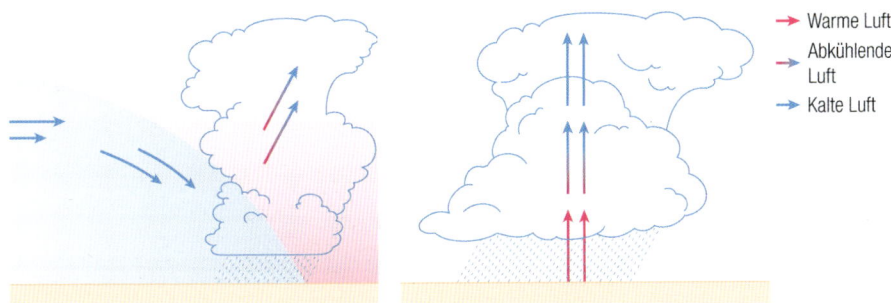

Frontniederschlag – Kaltfront   Konvektionsniederschlag

Stauniederschläge

Das Prinzip von Stauniederschlägen ist ganz einfach: relativ warme, feuchte Luft strömt gegen ein Hindernis, wie es z. B. Berge bilden. Da die Luft nicht durch den Berg strömen kann, muss sie aufsteigen. Dabei kühlt sie sich immer mehr ab. Nachdem aber kalte Luft weniger Feuchtigkeit aufnehmen kann als warme Luft, kommt es irgendwann zur Kondensation (Tröpfchenbildung), es entstehen Wolken und in Folge Niederschlag.

Frontniederschläge

Frontniederschläge sind die Folge von Warm- oder Kaltfronten. Bei einer Warmfront gleitet die relativ wärmere Luft auf der schwereren kalten Luft auf, wird dadurch gehoben, kondensiert, und es kommt zu meist länger anhaltendem Niederschlag.
Bei einer Kaltfront schiebt sich die schwerere Kaltluft praktisch keilförmig unter die wärmere Luft und hebt diese abrupt. Der Niederschlag fällt meist intensiv, jedoch vergleichsweise kürzer aus.

Konvektionsniederschläge

Konvektionsniederschläge sind im Hinblick auf das Thema Lawinen eher zu vernachlässigen. Diese bilden sich nämlich nur, wenn bei warmer Witterung das im (schneefreien) Boden vorhandene Wasser verdunstet, aufsteigt, beim Erreichen der Sättigung Wolken und anschließend Niederschläge bildet. Ein typisches Beispiel sind Sommergewitter.

Nach intensivem Regen kommt es aufgrund des Festigkeitsverlustes zum Bruch des Schneepakets.

☐ **Regen als Lawinenauslöser**

Regen führt kurzfristig fast immer zu einer Zunahme der Lawinengefahr! Zum einen stellt das Wasser, das in die Schneedecke einsickert, eine große Zusatzbelastung dar. Zum anderen zerstört der Regen die Verbindungen, die die Schneekristalle untereinander haben, und wirkt gleichsam wie ein Gleitmittel. Letzteres tritt insbesondere dann auf, wenn Regen beim Einsickern in die Schneedecke in tiefere Schichten eindringt und durch härtere Schichten am weiteren Abfluss blockiert wird. Dadurch kann eine mehrere Zentimeter dicke, wassergesättigte Schicht entstehen. Direkte Folge ist zumeist eine ausgeprägte spontane Lawinenaktivität.

☐ **Schmelzmetamorphose**

Die grundlegenden Prozesse der Schneeumwandlung (Metamorphose) werden in gm.5 (schnee nach langer kälteperiode) beschrieben.

Eine Sonderform dieser Umwandlung stellt die sogenannte Schmelzmetamorphose dar. Damit es dazu kommt, muss die Temperatur einer Schneeschicht 0°C erreichen. Die dazu nötige Energie kann durch einen Anstieg der Lufttemperatur, durch starke Sonneneinstrahlung oder eben durch Regen erfolgen. Wenn nun die Temperatur einer Schneeschicht 0°C erreicht hat, kann sie nicht weiter steigen:

Schmelzmetamorphose unter dem Mikroskop.

Abfließendes Wasser bahnt sich seinen Weg bevorzugt in Form von Kanälen, die unter Kälteeinfluss gefrieren.

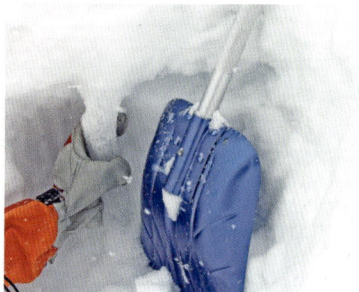

Schnee kann per definitionem nie positive Temperaturen erreichen! Das heißt, jede weitere Energiezufuhr wird für das Schmelzen des Schnees verwendet. Ein Schnee-Wasser-Gemisch hat immer exakt 0°C, und zwar so lange, bis auch der letzte Schneekristall geschmolzen ist. Durch das Schmelzen runden sich die Schneekristalle ab, das frei werdende Schmelzwasser füllt die Poren zwischen diesen Rundkörnern. Dieser Vorgang ist mit einer Setzung der Schneedecke verbunden. Anfangs kann die Festigkeit dabei sogar leicht steigen, sie nimmt bei fortschreitendem Schmelzen (also etwa bei lang andauerndem, starken Regen) aber rasch ab!

☐ **Der positive Einfluss des Regens**

Mittel- bzw. langfristig kann Regen aber durchaus auch einen stabilisierenden Effekt haben, und zwar dann, wenn die Temperaturen nach dem Regen sinken (u. a. auch Abkühlung während der Nacht). Dadurch gefriert das freie Wasser in den Poren, und die Schneedecke verfestigt sich. Es entstehen – je nach Kälteexposition – mitunter sehr dicke Schmelzharschdeckel mit den typischen zusammengefrorenen, glasigen Rundkörnern. Häufig beobachtet man dann auch gefrorene Schmelzkanäle innerhalb der Schneedecke. Daran lässt sich erkennen, wie sich das Wasser den Weg in Richtung Boden bahnt. ∎

gm.3 praxistipp

Bleib bei starkem Regen zu Hause oder auf der Hütte.

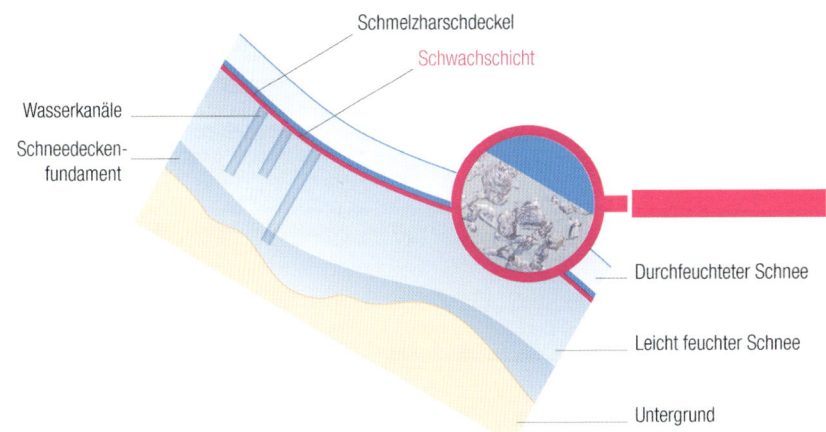

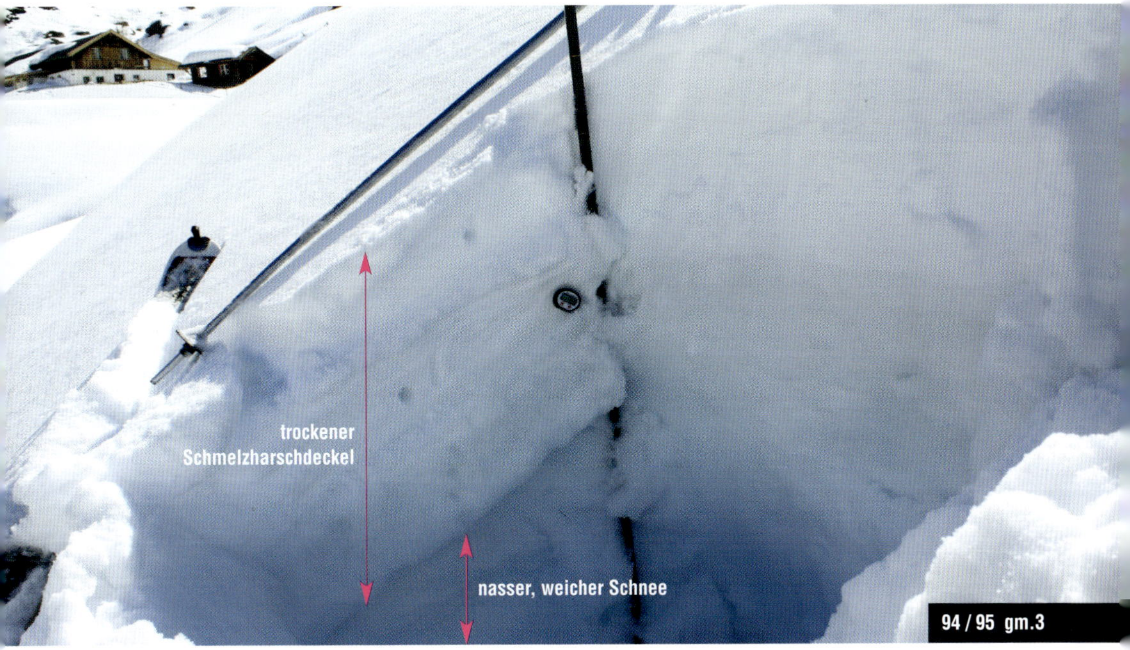

lawine thurn.

Lawine. Während außergewöhnlich intensiver Niederschläge am 31. 1. beobachtet ein Hausbesitzer in Thurn bei Lienz in dem an sein Haus angrenzenden Bachbett, wie dort abrutschender Schnee den Bach aufstaut. Beim Versuch, die Verklausung zu beseitigen, wird er von einem bachaufwärts kommenden Wasser-Schnee-Gemisch erfasst und in dem engen Bachbett ca. 100 m mitgerissen. Bei einem quer zum Bach verlaufenden Hindernis bleibt er hängen und wird von wassergesättigtem Schnee 1,5 m überdeckt. Die angeforderten Rettungskräfte verlieren den Wettlauf mit der Zeit.

Kurzanalyse. Die Lawine hat nicht unmittelbar mit Regen, jedoch mit der Auswirkung von massivem Wassereintrag in die Schneedecke zu tun. „Slush" nennt man im Englischen diese bei uns normalerweise extrem selten zu beobachtende Lawinenart. Dabei handelt es sich um eine wassergesättigte Schneemasse, die selbst bei wenigen Grad Hangneigung durch kleine Impulse ausgelöst werden kann. In Folge entwickelt sich – gleich einer Mure – ein zerstörerisches Wasser-Schnee-Gemisch. Beobachten kann man dieses Phänomen in Europa vermehrt in Skandinavien, und zwar im Bereich von Feuchtgebieten auf Hochplateaus, wo sich im Frühjahr eine entsprechend wassergesättigte Schneemasse ausbildet und mitunter von den Plateaukanten Richtung Tal bewegt. Im konkreten Fall bildet sich dieses Wasser-Schnee-Gemisch durch mehrere Schneedämme im Bachbett, einerseits verursacht durch herabrutschenden Schnee während intensiven Schneefalls, andererseits durch bachaufwärts von den Räumtrupps in den Bach geschobenen Schnee. Nach Bruch eines solchen Dammes entwickeln sich in Folge immer wieder Flutwellen. Eine davon überrascht den Hausbesitzer. ∎

Verschüttungsstelle

Wo Thurn / Zentralosttirol / 850 m / Bachbereich / 10°
Wer 1 beteiligte Person / 1 getötete Person
Wann 31. 1. 2014, 9:15 Uhr
Lawine Nassschnee – „Slush" / B 1 m / Verschüttung 1,5 m
Regional gültige Gefahrenstufe 4 (groß)
Schlagzeile LLB Große Lawinengefahr in Osttirol, den südlichen Stubaier und demnächst Ötztaler und Zillertaler Alpen
Lawinenproblem Nassschnee

gefahrenmuster.4
kalt auf warm / warm auf kalt

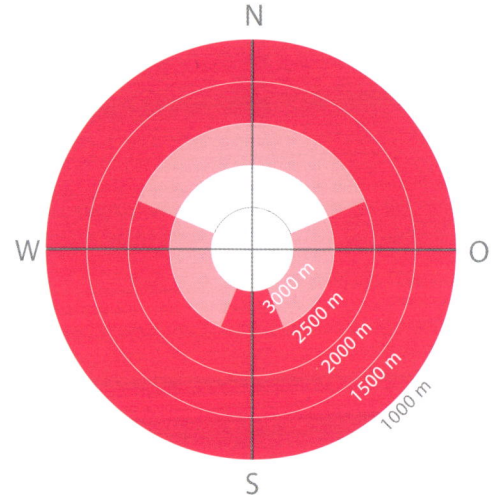

| Nov | Dez | Jan | Feb | März | April | Mai |

Zu lange wurde in der Lawinenkunde die Lehrmeinung vertreten, dass sich ein großer Temperaturunterschied während des Einschneiens (egal ob kalt auf warm oder umgekehrt) günstig auf die Lawinensituation auswirke. Dies trifft jedoch nur unter bestimmten Voraussetzungen zu. Mehrheitlich wirkt sich ein solcher Temperaturunterschied jedoch negativ aus, weil er die aufbauende Umwandlung innerhalb der Schneedecke begünstigt: In der Regel bildet sich dadurch eine dünne, durchwegs störanfällige Schwachschicht. Diese findet man oft auch im südseitigen Gelände. Eine heimtückische Angelegenheit, auch deshalb, weil die Schwachschicht unmittelbar nach dem Einschneien noch nicht vorhanden ist und sich erst im Laufe der folgenden Tage bildet.

lawine urgtal.

Die Nordhänge des Urgtals sind ein beliebtes Variantengelände des Skigebietes Serfaus-Fiss-Ladis. Kein Wunder, dass am 7. 4. zahlreiche Skifahrer bei herrlichem Wetter und frischem Pulverschnee hier ihre Schwünge ziehen. Durch den Impuls eines abfahrenden Skifahrers wird primär eine kleine Schneebrettlawine ausgelöst, die sich dann zu einer gewaltigen Lawine entwickelt.

☐ **Unfallhergang**

Gegen 15:00 Uhr fährt eine vierköpfige, geführte Gruppe im Nahbereich der Bergstation der Almbahn in das Variantengelände Richtung Urgtal ein. Die Route führt abschnittsweise über gut kupiertes Gelände. Bei einer Hangverflachung bleibt die Gruppe stehen, um einzeln den vor ihnen liegenden Steilhang zu befahren. Als ein Gruppenmitglied dort einfährt, löst es ein kleines Schneebrett aus. Die Person wird erfasst, mitgerissen und kommt nach Betätigung ihres ABS-Rucksackes nach ca. 40 m unverletzt und nur teilverschüttet zu liegen. Allerdings wird durch die Zusatzbelastung dieses Schneebrettes eine bodennahe Schwachschicht gestört, von der sich der Bruch über eine riesige Fläche ausbreitet. Es entwickelt sich eine Lawine mit einer Breite von 850 m und einer Länge von 1400 m (!).
Während des Lawinenabgangs befinden sich geschätzte 20 Personen im Gefahrenbereich. Wegen der undurchsichtigen Situation und dem außergewöhnlichen Ausmaß wird ein großer Lawineneinsatz

Die Lawine wird bei Punkt 1 ausgelöst und pflanzt sich von dort der Nummerierung folgend fort.

Wo Urgtal / Silvretta-Samnaun / 2520 m / N-Hang / 35°
Wer 4 unmittelbar sowie zahlreiche weitere beteiligte Personen
Wann 7. 4. 2015, 15:00 Uhr
Lawine Schneebrettlawine (trocken) / L 1400 m / B 850 m / Anriss 0,2–1,5 m
Regional gültige Gefahrenstufe 3 (erheblich)
Schlagzeile LLB Aus besonnten Hängen vermehrte spontane Lawinenaktivität!
Lawinenproblem Neuschnee / Altschnee

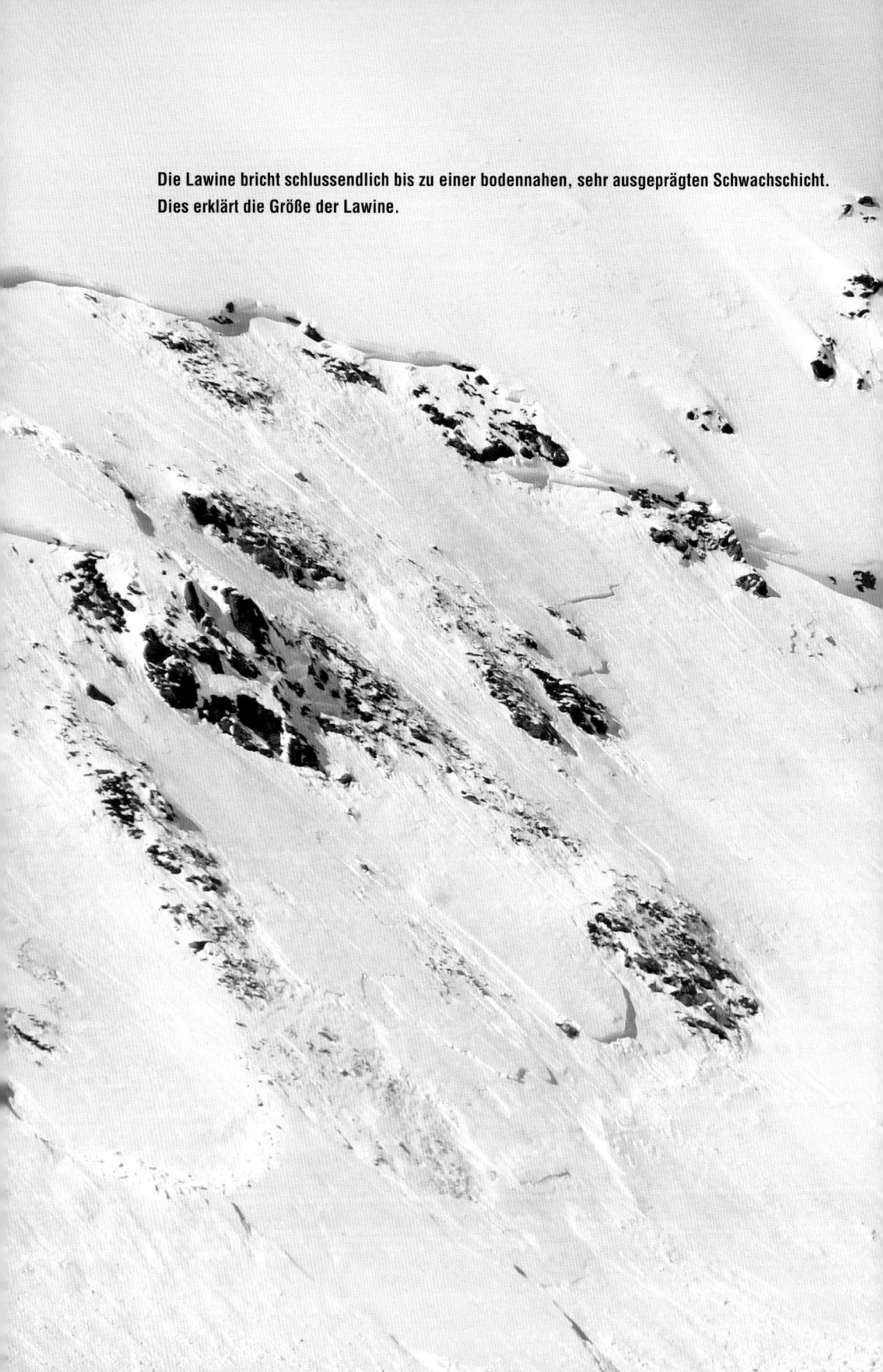

Die Lawine bricht schlussendlich bis zu einer bodennahen, sehr ausgeprägten Schwachschicht. Dies erklärt die Größe der Lawine.

unter Beteiligung von vier Hubschraubern und ca. 150 Einsatzkräften samt Lawinenhunden eingeleitet. Wie durch ein Wunder werden keine weiteren Personen von der Lawine erfasst.

☐ **Analyse**

Wetter und Schneedecke. Wichtig bei diesem Unfall ist der Rückblick auf das Wetter der vorangegangenen zwei Wochen. Dieses ist durch einen ständigen Wechsel von kalten und warmen Luftmassen ab dem 26. 3. 2015 charakterisiert. Bedeutend ist der 26. 3. deshalb, weil intensive, diffuse Strahlung und hohe Luftfeuchtigkeit einen entscheidenden Impuls für eine fortschreitende Durchnässung der Schneedecke auch in hoch gelegenen Schattenhängen geben. Unmittelbar danach schneit es bei tief winterlichen Temperaturen. Es folgen wechselhafte Osterfeiertage mit dem Durchzug von Warm- und Kaltfronten samt ergiebigen Neuschneefällen und meist stürmischen Verhältnissen. Die Tage vor dem Lawinenabgang erinnern von den Temperaturen wieder an den Hochwinter. Es schneit bei kalten Temperaturen unter Windeinfluss bis zu 30 cm. Am 7. 4. gibt es dann nahezu ungetrübten Sonnenschein. Anhand unserer Schneedeckenuntersuchungen erkennen wir, dass sich ab dem 26. 3. eine dünne, aufbauend umgewandelte Schicht unter einer dünnen Harschkruste zu entwickeln beginnt. Dies trifft für einen Höhenbereich zwischen etwa 2500 m und 2900 m speziell in Schattenhängen zu. Stabilitätstests weisen allerdings nur selten auf mögliche Bruchausbreitungen innerhalb dieser Schwachschicht hin. Zusätzlich findet man darunter die für den Winter 2015 so

Das Bild stammt vom 28. 3. 2015. Zwei Tage zuvor war es warm, die Schneedecke wurde feucht. Danach sinkt die Temperatur und es fängt zu schneien an. Im Bereich des im Bild ersichtlichen Harschdeckels entwickelt sich eine Schwachschicht, die für den Unfall im Urgtal eine Rolle spielt.

gm.4 erkennen

> Ohne Beobachtung des Wetterverlaufs ist es nicht leicht, dieses Muster zu erkennen. Besonderes Augenmerk sollte man dabei auf den Wechsel einer warmen Periode mit einer kalten bzw. einer kalten mit einer warmen legen. Jeweils geht es darum, ob Schneeschichten stark unterschiedlicher Temperatur aufeinander zu liegen kommen. Ist dies der Fall, kann aufbauende Umwandlung einsetzen und eine kritische Schwachschicht entstehen (siehe gm.5). Ob sich diese dann auch tatsächlich massiv genug ausbildet, um zur Gefahr für den Wintersportler zu werden, muss entweder aus dem Lawinenreport entnommen oder aber durch eigene Schneedeckenuntersuchungen verifiziert werden.

typische bodennahe Schwachschicht vom Frühwinter, die inzwischen – ähnlich wie die erwähnte Schwachschicht vom 26. 3. – nur mehr schwer zu stören ist. An der Schneeoberfläche wiederum gibt es stellenweise frischen Triebschnee, der von Pulverschnee überdeckt ist. Am wahrscheinlichsten erscheint, dass die Schneedecke primär innerhalb der dünnen Schwachschicht, welche sich ab dem 26. 3. entwickelt hat, bricht. Durch diese „Initialzündung" und die sehr große Zusatzbelastung der ersten Lawine wird erst die bodennahe, sehr flächige Schwachschicht massiv gestört.

Lawinen. Während der dem Unfall vorangegangenen Osterfeiertage lösen sich aufgrund von Starkschneefällen einige spontane, auch große Lawinen, nicht aber im Kessel des Urgtals. Danach beruhigt sich die Situation rasch. Am 7. 4. wird deshalb im Lawinenreport auch nur mehr auf die Gefahr von kleinräumigen, frischen Triebschneeansammlungen sowie Lockerschneelawinen im besonnten Gelände hingewiesen.

Gelände. Die primäre Lawine wird am orographisch rechten Rand der Hauptlawine ausgelöst. Es handelt sich um sehr steiles, nach Norden ausgerichtetes Gelände. Mit hoher Wahrscheinlichkeit befindet sich der Skifahrer zum Zeitpunkt der Lawinenauslösung an einer schneearmen Stelle, wo sein Impuls größere Wirkung auf die vorhandenen Schwachschichten hat. gm.4 tritt häufig in recht eng begrenzten Höhen- und Expositionsbereichen auf. Vermutlich waren die Bedingungen für die Ausbildung dieser Schwachschicht im Anrissgebiet gerade ideal. ∎

hintergrundwissen
kalt auf warm / warm auf kalt.

Ein dünner Schmelzharschdeckel liegt auf einer dünnen, kantigen Schneeschicht.

gm.4 definition

Unter den Begriffen „kalt auf warm" bzw. „warm auf kalt" ist zu verstehen, dass sich auf Grund starker Temperaturänderungen zwischen zwei Wetterphasen die Temperaturen der liegenden Schneedecke und des hinzukommenden Neuschnees deutlich (mehr als 5°C) unterscheiden.

☐ **Was passiert nun in der Schneedecke?**

Entscheidend ist bei beiden Vorgängen derselbe Effekt: Es entsteht ein großer Temperaturunterschied innerhalb nur weniger Zentimeter der Schneedecke, der die aufbauenden Umwandlungsprozesse innerhalb der Schneedecke begünstigt. Es entstehen mögliche Schwachschichten.

☐ **Schmelzharschdeckel**

Meist ist die Kombination kalt auf warm bzw. warm auf kalt mit der Bildung einer Schmelzharschschicht verbunden: Entweder wird eine relativ warme, feuchte Schneeoberfläche durch einsetzende fallende Temperaturen verharscht oder eine kalte Schneeoberfläche von der beginnenden Erwärmung (oder nassem Schneefall bzw. Regen) angefeuchtet, worauf es auch hier zur Bildung einer meist dünnen Harschschicht kommen kann.

☐ **Entstehung von Schwachschichten**

Vielfach herrscht die Meinung vor, Schmelzharschdeckel wären deshalb gefährlich, weil sich darauf abgelagerter Neuschnee mit ihnen nur schlecht verbindet und deswegen die Lawinengefahr steigt. Langjährige Erfahrung aus der Praxis und die Analyse Hunderter Lawinenunfälle zeigen aber, dass

Entscheidend ist der Wechsel von warm auf kalt bzw. kalt auf warm: Nach Durchzug einer Warmfront beginnt sogar das Eis zu tauen.

zumeist ein anderer Prozess für den Anstieg der Lawinengefahr nach einem markanten Temperaturwechsel verantwortlich ist: Im Grenzbereich zu einem Harschdeckel bildet sich fast immer eine dünne Schwachschicht aus aufbauend umgewandelten Schneekristallen. Schneit es bei tiefen Temperaturen auf eine relativ warme Altschneedecke, bildet sich diese Schwachschicht im Normalfall unter dem Harschdeckel. Schneefall bei relativ warmen Temperaturen auf eine kalte Altschneedecke sorgt hingegen für vermehrte Umwandlung über dem Harschdeckel. Verantwortlich dafür ist der Wasserdampftransport aufgrund des Dampfdruckgradienten: Der Dampfdruck ist im eher feuchten, wärmeren Schnee höher als im trockenen, kalten, sodass ein Dampftransport von warm (feucht) zu kalt (trocken) stattfindet. Kommt nun gebundener Schnee (Triebschnee, gesetzter Neuschnee) auf diesem Harschdeckel zu liegen, so gleitet entweder das Neuschneepaket auf einer dünnen Schwachschicht auf dem Harschdeckel ab, oder Neuschnee samt Harschdeckel lösen sich auf einer darunterliegenden Schicht aus lockeren Schneekristallen.

☐ **Eine heimtückische Angelegenheit**

Heimtückisch ist dieses Muster, weil sich unmittelbar nach dem Einschneien noch keine Schwachschicht ausbildet. Diese entsteht erst im Verlauf der folgenden Tage (typischer Zeitraum: 2 Tage). Das heißt, die Lawinensituation verschärft sich, ohne dass dies durch das Wettergeschehen oder andere äußere Hinweise erkennbar wäre. ▌

gm.4 erkennen

Heimtückisch ist dieses Muster auch deshalb, weil vermehrt sonnenexponiertes Gelände betroffen ist, ein Bereich also, der normalerweise – im Vergleich zu den Schattenhängen – einen stabileren Schneedeckenaufbau aufweist und wo statistisch gesehen deutlich weniger Lawinenunfälle passieren. Wintersportler machen sich deshalb dort häufig auch weniger Gedanken über die Lawinengefahr.

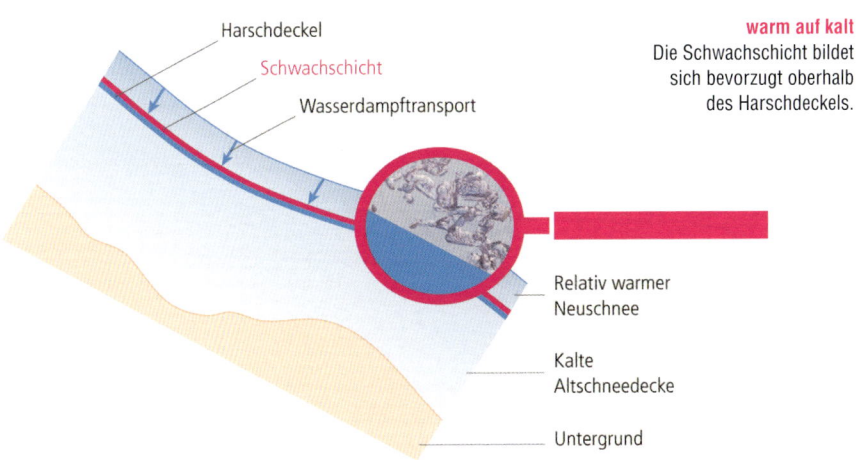

warm auf kalt
Die Schwachschicht bildet sich bevorzugt oberhalb des Harschdeckels.

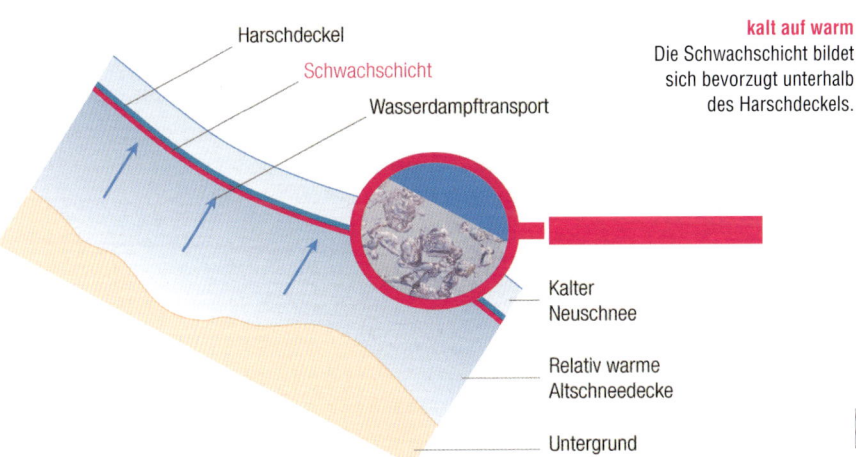

kalt auf warm
Die Schwachschicht bildet sich bevorzugt unterhalb des Harschdeckels.

lawine hornköpfl.

Lawine. Neuschneefälle locken etliche Wintersportler in den Variantenbereich nahe des Kitzbüheler Horns. Zwei Einheimische queren unterhalb der Hornköpflhütte einen sehr steilen NO-Hang. Eine der Personen wartet im Hang auf die andere. Als diese aufschließen will, löst sich eine Schneebrettlawine, von der beide mitgerissen werden, und zwar 170 m bzw. 400 m weit. Die zweite Person wird nur teilverschüttet. Ihr gelingt es, sich bis zum Eintreffen der Rettungskräfte – leicht verletzt – großteils selbständig zu befreien. Die andere Person wird mittels LVS-Gerät geortet und aus 2 m Tiefe ausgegraben. Unter Reanimation wird sie in die Klinik geflogen, wo sie am 30. 1. verstirbt.

Kurzanalyse. Eine dünne, heimtückische Schwachschicht, die sich einige Tage vor dem Unfall gebildet hat, kommt als unmittelbare Ursache des Lawinenabgangs in Frage. Damals ist es nebelig und warm. Die Schneeoberfläche wird feucht. In Folge bildet sich bei sinkenden Temperaturen eine dünne Schmelzkruste, unter der sich eine ebenso dünne Schicht aus kantigen Kristallen entwickelt. Als es vom 27. 1. auf den 28. 1. zwischen 30 und 50 cm unter zum Teil starkem Windeinfluss schneit, wird die Schwachschicht „scharf". Das heißt, der darüber gelagerte Triebschnee baut Spannungen auf, die flächig übertragen werden können. Dieser Triebschnee veranlasst die Bergbahnen Kitzbühel, in den Morgenstunden Sprengungen zur Sicherung des Skigebietes durchzuführen. Als Folge kann man am Unfalltag im Nahbereich des Skigebietes frische Schneebrettlawinen beobachten. Diese hätten als Hinweis auf eine mögliche Lawinengefahr dienen können, auch wenn die maßgebliche Schwachschicht selbst für den Profi nur durch Schneedeckenuntersuchungen zu entdecken gewesen wäre.

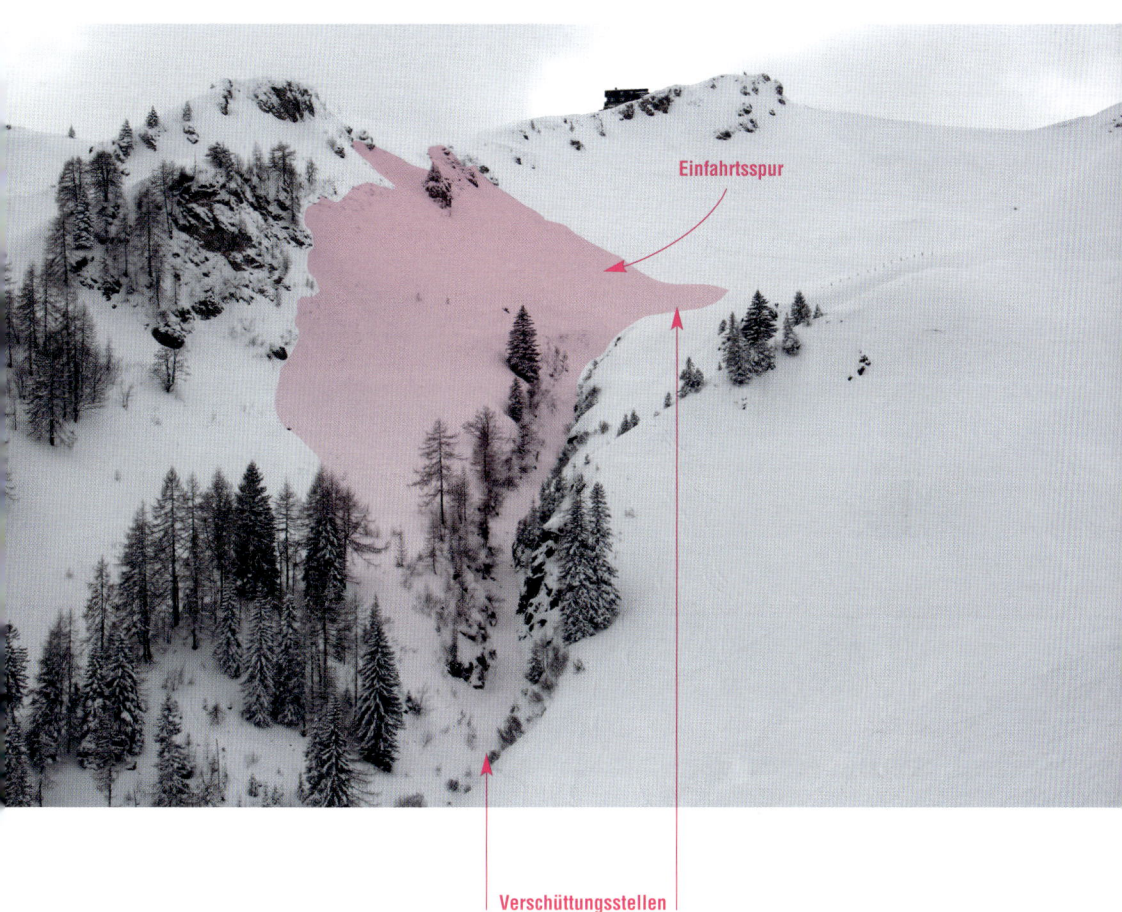

Wo Hornköpfl / Kitzbüheler Alpen / 1690 m / NO-Hang / 40°
Wer 2 beteiligte Personen / 1 getötete, 1 verletzte Person
Wann 28. 1. 2015, 14:10 Uhr
Lawine Schneebrett (trocken) / L 400 m / B 150 m / Anriss 0,65 m / Verschüttung 2 m / ca. 30 Min.
Regional gültige Gefahrenstufe 3 (erheblich)
Schlagzeile LLB Neuschnee und Wind führen teilweise zu einer heiklen Lawinensituation.
Lawinenproblem Neuschnee

lawine hochschober.

Lawine. Drei erfahrene Skitourengeher steigen über das Ralftal zum Hochschober auf. Der Aufstieg erfolgt problemlos bis zum Skidepot. Dort bleibt eine der Personen zurück. Als die Kollegen vom Gipfel zurückkehren, erkennen sie zwischen Skidepot und ihrer Aufstiegsroute einen Lawinenanriss. Die zunächst wartende Person hatte sich allein in Richtung Gipfel aufgemacht, wurde dabei von dieser Lawine erfasst, total verschüttet und getötet.

Kurzanalyse. Die mit der Alpinpolizei durchgeführte Unfallanalyse bringt ein unglaubliches Zusammenspiel unglücklicher Umstände ans Tageslicht. Wie sich herausstellt, wählt einer der Kollegen bei der Rückkehr vom Gipfel im Bereich des Kleinschobers eine von der Aufstiegsspur leicht abweichende Abstiegsvariante. Er merkt jedoch bald, dass das Gelände unterhalb extrem steil wird, und beschließt, wieder zurückzugehen und der Aufstiegsspur zu folgen. Er löst dabei, ohne es zu merken, knapp unterhalb seiner Spur eine kleine Schneebrettlawine aus. In Folge bricht darunter eine weitere. Die ursprünglich am Skidepot wartende Person befindet sich inzwischen unmittelbar im Randbereich der zweiten abgehenden Lawine. Sie wird von dieser erfasst und am Hangfuß verschüttet. Stabilitätstests zeigen eine unterschiedlich ausgeprägte dünne, kantige Schicht im Bereich von Schmelzharschkrusten. Die mehrmalige Durchfeuchtung der Schneedecke durch Sonneneinstrahlung im extrem steilen, windexponierten, nach Osten ausgerichteten Gelände samt anschließenden Schlechtwetterphasen erklärt diesen Schneedeckenaufbau. Die Auslösebereitschaft ist allerdings nicht allzu groß. Entscheidend wird das extrem steile Gelände gewesen sein. ▍

Wo Hochschober / Zentralosttirol / 2850 m / O / 45°
Wer 3 beteiligte Personen / 1 getötete Person
Wann 13. 4. 2013, 15:20 Uhr
Lawine Schneebrettlawine (trocken) / L 250 m / B 10 m / Anriss 0,3 m / Verschüttung 0,5 m
Regional gültige Gefahrenstufe 2 (mäßig)
Schlagzeile LLB Markanter tageszeitlicher Anstieg der Lawinengefahr – Vorsicht v. a. vor nassen Lockerschneelawinen!
Lawinenproblem Neuschnee / Altschnee

gefahrenmuster.5
schnee nach langer kälteperiode

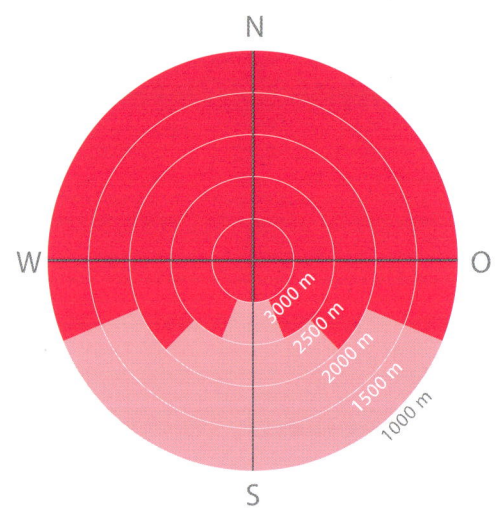

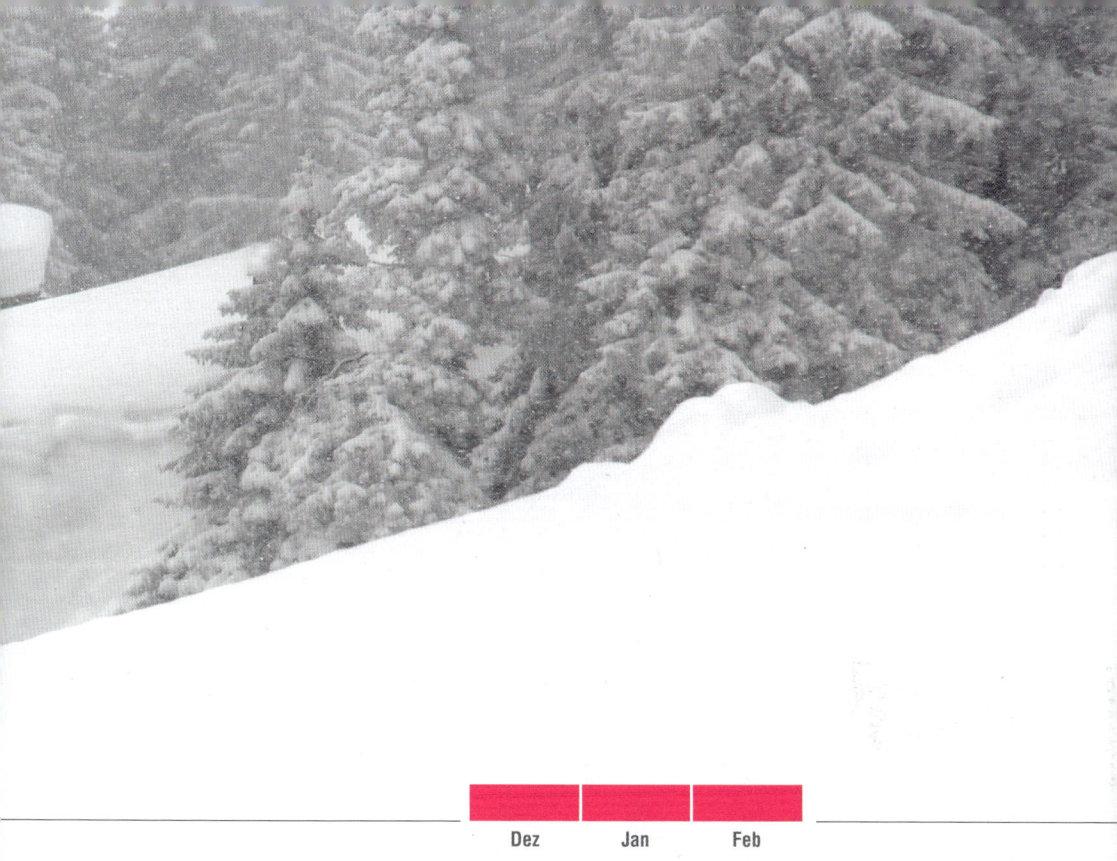

Dez   Jan   Feb

Ein Klassiker unter den Lawinenereignissen: Nach einer langen Kälteperiode fängt es zu schneien an. Zusätzlich weht kräftiger Wind, der den Neuschnee entsprechend verfrachtet. In kürzester Zeit entsteht eine für den Wintersportler sehr heikle Lawinensituation. Dies trifft auch dann zu, wenn nach einer langen Kälteperiode „nur" kräftiger Wind weht, ohne dass es schneit. Das Problem: In Windschattenhängen wird frischer Triebschnee abgelagert, der auf einer lockeren, meist aus Schwimmschnee bestehenden Altschneedecke zu liegen kommt. Triebschnee und Altschnee sind untereinander sehr schlecht verbunden. Die Schneedecke wartet dann nur noch darauf, durch Zusatzbelastung gestört zu werden.

lawine hochgurgl.

Zugegeben: Es ist nicht immer leicht, nach Neuschneefällen und folgender Wetterbesserung der Versuchung zu widerstehen, unverspurte Hänge zu befahren. Dennoch: Immer dann, wenn man es mit gm.5 zu tun hat, gilt eiserne Disziplin als wichtige Überlebensstrategie. Bei einem einheimischen Variantenfahrer verdrängt vermutlich der Neuschnee die Wahrnehmung offensichtlicher Gefahrenzeichen, leider auf Kosten seines Lebens.

☐ **Unfallhergang**

Um die Mittagszeit werden in Hochgurgl zwei Lawinenabgänge gemeldet. Der in Hochgurgl stationierte Hubschrauber startet daraufhin zu einem Erkundungsflug. Bei einem dieser Lawinenkegel, der sich in unmittelbarer Nähe des Hubschrauberstützpunktes befindet, erkennt die Besatzung zwei auf dem Lawinenkegel liegende Skier. Sofort wird ein Flugretter abgesetzt und beginnt die Suche mit seinem LVS-Gerät. Er ortet ein Signal und kann einen Wintersportler rasch ausgraben. Es handelt sich dabei um einen einheimischen, gut ausgerüsteten Variantenfahrer, der während des Vormittags die rote Piste 20 im Skigebiet Hochgurgl verlassen hat und in den sehr steilen Hang eingefahren ist. Seine Verschüttungsstelle befindet sich direkt auf der gesperrten Timmelsjoch-Hochalpenstraße. Der abrupte Neigungswechsel innerhalb der Sturzbahn verursacht dort eine tiefere Verschüttung, als dies z. B. in einer gleichmäßig auslaufenden Lawinenbahn der Fall gewesen wäre. Die Person muss unter Reanimationsmaßnahmen in die Innsbrucker Klinik geflogen werden, wo sie bald darauf verstirbt.

Verschüttungsstelle

Wo Hochgurgl / Südliche Ötztaler Alpen / 2500 m / NW-Hang / 35°
Wer 1 beteiligte Person / 1 getötete Person
Wann 16. 2. 2012, ca. 11:00 Uhr
Lawine Schneebrettlawine (trocken) / L 260 m / B 20 m / Anriss bis 0,6 m / Verschüttung ca. 1,5 m / ca. 60 Min.
Regional gültige Gefahrenstufe 4 (groß)
Schlagzeile LLB Oberhalb 1600 m verbreitet große Lawinengefahr!
Lawinenproblem Altschnee / Triebschnee

Verschüttungsstelle

☐ **Analyse**

Wetter und Schneedecke. Einen Tag vor dem Unfall endet eine zweiwöchige Kälteperiode, während der sich die Schneeoberfläche ungewöhnlich stark aufbauend umgewandelt hat. Diese besteht aus bindungslosen, kantigen Kristallen, aus Schwimmschnee und teilweise aus Oberflächenreif – ein Mix aus den gefährlichsten Schwachschichten innerhalb einer Schneedecke. Die darunter befindliche Altschneedecke ist hingegen meist stabil, sodass nicht mit einem Durchreißen von Lawinen in tiefere Schichten zu rechnen ist. Als es am 15. 2. unter zum Teil stürmischem Windeinfluss kräftig zu schneien beginnt, verschärft sich die Lawinengefahr abrupt. Bei Neuschneesummen von ca. 40 cm im Unfallgebiet bilden sich in allen Hangrichtungen äußerst störanfällige Triebschneeansammlungen. Die Gefahr ist für ein geschultes Auge, auch wegen der am 16. 2. eintretenden Wetterbesserung, offensichtlich. Neben spontanen Lawinenabgängen sind vermehrte Rissbildungen sowie Setzungsgeräusche ein ständiger Wegbegleiter im freien Skigelände.

Lawinen. 50 Lawinenereignisse innerhalb weniger Tage, 17 allein am Unfalltag sprechen eine eindeutige Sprache: Es bestätigt sich wieder einmal, dass gm.5 zu den unfallträchtigsten Gefahrenmustern zählt. Die kritische Situation kommt nicht überraschend und wird in allen verfügbaren Medien ausreichend kommuniziert. Im Blog des Lawinenwarndienstes liest man am 14. 2. u. a.: „Die Kombination aus ungünstigem Schneedeckenaufbau, Schneefall und stürmischem Wind wird zu einem deutlichen

gm.5 erkennen

Zumindest einmal im Winter stellt sich mit Sicherheit eine längere Kälteperiode ein, meist sind es sogar mehrere. Diese Situation entgeht normalerweise keinem Wintersportler. Während der Kälteperioden scheint häufig die Sonne, bei den Abfahrten stiebt typischerweise Pulverschnee bzw. lockerer, aufbauend umgewandelter Schnee, und die Lawinengefahr ist gegen Ende der Kälteperiode meist gering. Bezeichnend für dieses Muster ist der abrupte Gefahrenanstieg, sobald es unter Windeinfluss zu schneien beginnt bzw. sobald starker Wind aufkommt. Auch das sind Wetterphänomene, die einem Wintersportler nicht entgehen sollten. Das Problem dabei: Ein während der Kälteperiode bedenkenlos zu befahrender Hang kann innerhalb kürzester Zeit (d. h. innerhalb von Stunden) zur tödlichen Falle werden.

Man erkennt einen Pistenabschnitt in Hochgurgl samt spontanen Lawinen, ebenso spontane Lawinen zwischen Lawinenverbauungen.

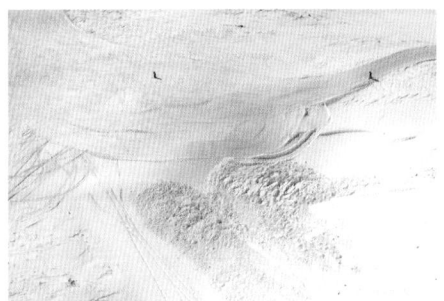 

Anstieg der Lawinengefahr ab dem 15. 2. führen! … Die Lawinengefahr wird dadurch voraussichtlich ab den Nachmittagsstunden des 15. 2. auf groß ansteigen. Schneebrettlawinen können dann von Wintersportlern allgemein sehr leicht ausgelöst werden. Ebenso rechnen wir mit spontanen Lawinenabgängen, nicht nur aus kammnahem Gelände, sondern auch unterhalb der Waldgrenze …"

Am Unfalltag herrscht oberhalb von 1600 m verbreitet große Lawinengefahr. Die Verhältnisse in den Tiroler Tourengebieten werden als kritisch beurteilt und auf die hohe Störanfälligkeit frischer Triebschneeansammlungen, die sich in allen Hangrichtungen befinden, hingewiesen. Da für Skitouren und Variantenfahren unbedingt sehr gutes lawinenkundliches Wissen notwendig sei, wurde allen unerfahrenen Personen dringend geraten, die gesicherten Pisten nicht zu verlassen. Man erkennt zahlreiche frische, spontane, aber auch gesprengte Lawinen unmittelbar neben den Pisten, aber auch z. B. innerhalb von Lawinenverbauungen.

Gelände. Der Unfallhang ist 35° steil, Richtung NW ausgerichtet und muldenförmig, sodass sich Triebschnee gut ablagern kann. Auffallend ist der kürzlich starke Windeinfluss: Trotz 40 cm gefallenen Neuschnees sind exponierte Bereiche blank gefegt. Daneben findet man entsprechend mit Triebschnee gefüllte Stellen. Auch dies ist neben den spontanen Lawinen klar ersichtlich. Kurz und bündig: Die Abfahrtsroute ist den Verhältnissen nicht angepasst. ∎

Am Unfalltag herrscht in Tirol große Lawinengefahr, die zu zahlreichen spontanen Lawinenabgängen führt.

hintergrundwissen schnee nach langer kälteperiode.

gm.5 definition

In der Meteorologie unterscheidet man in Bezug auf Kälte Eis- und Frosttage. Von einem Eistag spricht man, wenn die Temperatur den ganzen Tag hindurch unter 0°C bleibt, von einem Frosttag, wenn nur das Minimum der Lufttemperatur unter 0°C liegt. Lange Kälteperioden, etwa mehrere Eis- oder Frosttage hintereinander, bewirken Umwandlungsprozesse innerhalb der Schneedecke, die sich bei weiterem Schneezuwachs ungünstig auf die Lawinensituation auswirken.

☐ **Die Umwandlungsprozesse**

Schnee ist ein höchst komplexes Material, das sich ständig verändert. Als Schneeflocken bezeichnet man mehrere zusammenhängende Schneekristalle. Schon während des Schneefalles brechen Zacken oder Verästelungen von den symmetrischen, sechsarmigen Schneekristallen ab. Auch Wind oder Temperaturunterschiede in verschiedenen Luftschichten, durch die die Schneekristalle fallen, sorgen für Veränderungen. Gelangen die Schneekristalle dann endlich zu Boden, beginnt erst der eigentliche Umwandlungsprozess, der als Metamorphose bezeichnet wird.

Zu unterscheiden ist dabei die abbauende von der aufbauenden Metamorphose. Eine Sonderform ist die Schmelzmetamorphose, die unter gm.3 näher beschrieben wird. Durch diese Umwandlungsprozesse entstehen sowohl andere Formen als auch andere Größen der Schneekristalle. Zudem ändern sich mit Dichte, Porenanteil und Struktur weitere, für die Lawinenbildung wesentliche Eigenschaften der Schneedecke.

☐ **Abbauende Metamorphose**

Ein bei seiner Entstehung noch völlig regelmäßiger, sechsarmiger Schneekristall (= Neuschnee) fällt zu Boden und auf Grund mechanischer Einwirkungen (Zusammenstöße von Kristallen untereinander, Windeinwirkung, Aufprall auf den Boden) brechen einzelne Arme und Verästelungen ab. Der Schnee-

Abbauende Metamorphose: Vom sechseckigen Neuschneekristall über filzige Formen zum Endprodukt der abbauenden Umwandlung, dem Rundkorn.

kristall wird kleiner. Man bezeichnet diese Form nun als filzigen Schnee. Dieser filzige Schnee besitzt immer noch zahlreiche Seitenarme. Da aber in der Natur solche Verästelungen im Hinblick auf den Energiezustand ungünstig sind, wird versucht, die in dieser Hinsicht günstigste Form einzunehmen: die Kugelform – maximales Volumen bei minimaler Oberfläche.

Das heißt, es findet laufend ein Massentransport von den verzweigten Ästen in Richtung des Zentrums des Schneekristalls statt. Der Kristall nähert sich immer mehr der Kugelform. Damit einher geht ein nochmaliger Größenverlust (abbauende Umwandlung!), der Porenraum der Schneedecke wird kleiner, es findet eine Setzung und Verfestigung statt, weil die Körner untereinander in engeren Kontakt kommen. Dieser Prozess ist stark von der Schneetemperatur abhängig: Je näher diese bei 0°C liegt, desto schneller schreitet er voran; bei tieferen Temperaturen verzögert sich die abbauende Umwandlung. Üblicherweise dauert die abbauende Umwandlung einige Tage, bei ungünstigen Verhältnissen – wie z. B. sehr niedrigen Temperaturen und fehlender Sonneneinstrahlung – aber auch bis zu zwei Wochen und länger.

☐ **Aufbauende Metamorphose**

Bodennahe Schneeschichten haben aufgrund des Bodenwärmestromes und der isolierenden Wirkung der Schneedecke selten Temperaturen unterhalb von etwa –1°C bis –2°C (bei Gletschereis

Aufbauende Metamorphose: Vom Rundkorn über kantige Kristalle zum Becherkristall. Im rechten Bild erkennt man eine von Triebschnee überlagerte kantige Schicht.

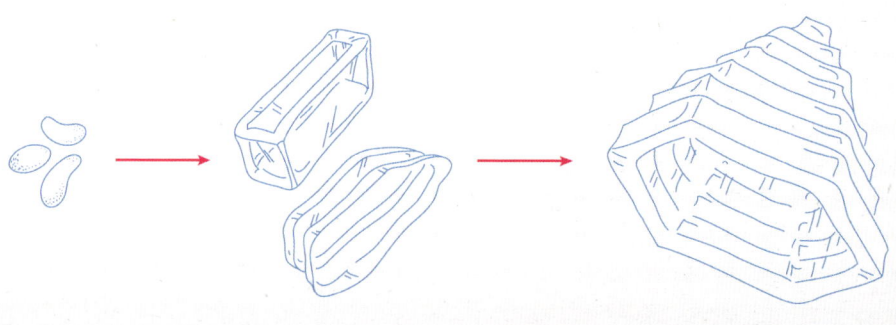

können diese Temperaturen mitunter deutlich darunter liegen). Durch diese im Verhältnis zu den weiter oben gelegenen Schneeschichten relativ milden Temperaturen steigt nun Wasserdampf von Bodennähe in Richtung der oberen, kälteren Schneeschichten und resublimiert hier (bildet wieder feste Formen). Dadurch wachsen die Schneekristalle wieder (daher aufbauende Umwandlung!) und erhalten kantige Formen. Da diese kantigen Kristalle untereinander nicht mehr gut verbunden sind (weniger Kontaktpunkte als bei rundkörnigen Kristallen), nimmt die Festigkeit der Schneedecke ab. Die Endform der aufbauenden Metamorphose sind sogenannte Becherkristalle: hohle, oft mehrere Millimeter große Kristalle. Eine Schicht aus Becherkristallen wird als Schwimmschneeschicht bezeichnet.

Dieser Vorgang dauert üblicherweise etwas länger als die abbauende Metamorphose, typischerweise etwa zwei bis vier Wochen bis zum Stadium von Becherkristallen. Da dieser Vorgang mit keiner Setzung verbunden ist, ist er – anders als die abbauende Metamorphose – von außen nicht unmittelbar zu erkennen.

Das entscheidende Kriterium für die aufbauende Umwandlung der Schneekristalle ist der Temperaturgradient innerhalb der Schneedecke. In der folgenden Grafik sieht man den wesentlichen Unterschied: Bei gleichbleibenden Randbedingungen, also etwa einer Bodentemperatur von −1°C und einer Lufttemperatur von −11°C, erhält man je nach Schneehöhe völlig unterschiedliche Gradienten: So ergibt sich bei einer geringen Schneehöhe von nur 10 cm ein Gradient von 10°C pro 10 cm. Bei einer

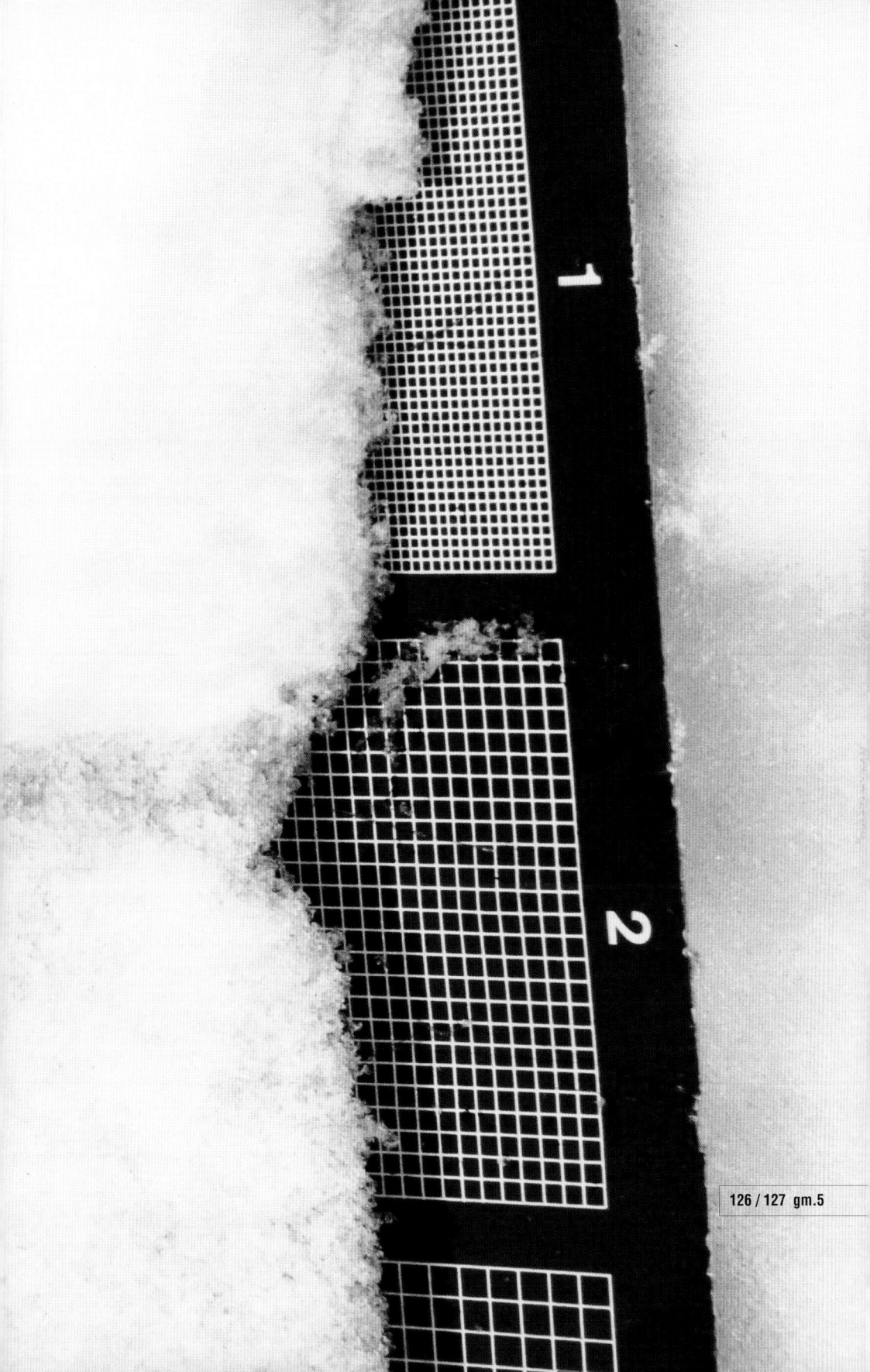

126 / 127 gm.5

Eine lange Kälteperiode kann an mehreren Stellen der Schneedecke zur Bildung von Schwachschichten führen.

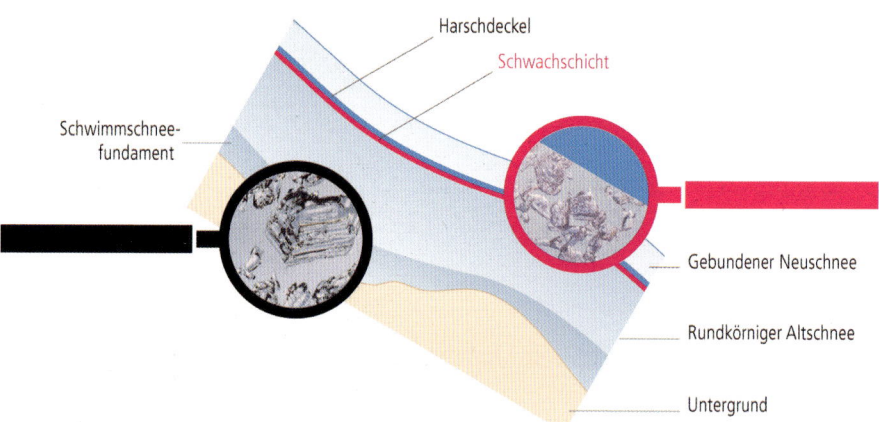

mächtigeren Schneehöhe von einem Meter beträgt der Temperaturgradient gerade einmal ein Zehntel, nämlich nur 1°C pro 10 cm. Je weniger Schnee liegt und je kälter die Luft ist, desto größer ist der Temperaturgradient innerhalb der Schneedecke. Je größer aber dieser Temperaturgradient, desto schneller verläuft die aufbauende Umwandlung!

Ist die gesamte Schneedecke aufbauend umgewandelt, so ist das an sich noch nicht gefährlich, im Gegenteil: Man hat eine weitgehend spannungsarme Schneedecke mit feinstem „Pulverschnee". Kritisch wird es erst, wenn dieses lockere, bindungslose Fundament von frischem Neuschnee unter Windeinfluss überlagert wird. Schwimmschnee bzw. kantige Formen können deshalb vermehrt auch unter härteren Schichten (Windharsch- bzw. Schmelzharschdeckel) angetroffen werden. Das erklärt, warum gerade in schneearmen, kalten Wintern (wie 09/10) der Schneedeckenaufbau so schlecht und die Lawinensituation für den Wintersportler so kritisch ist! ▌

gm.5 praxistipp

Pass dein Verhalten ebenso rasch an, wie sich die Lawinensituation nach einer langen Kälteperiode verschärft!

Bei identischen äußeren Bedingungen ist der Temperaturgradient in der Schneedecke bei wenig Schnee deutlich höher als bei viel Schnee.

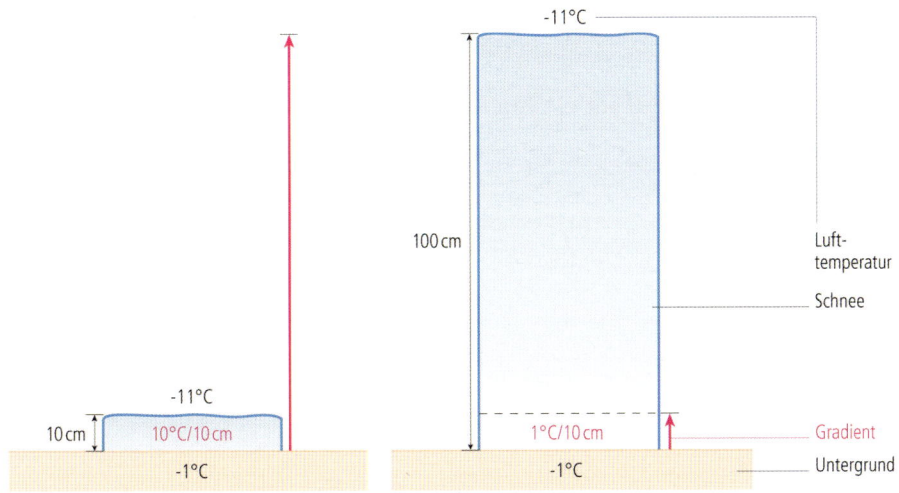

1 Neuschnee **2** filziger Schnee **3** Rundkorn **4** kantige Formen **5** Becherkristalle **6** Schmelzformen

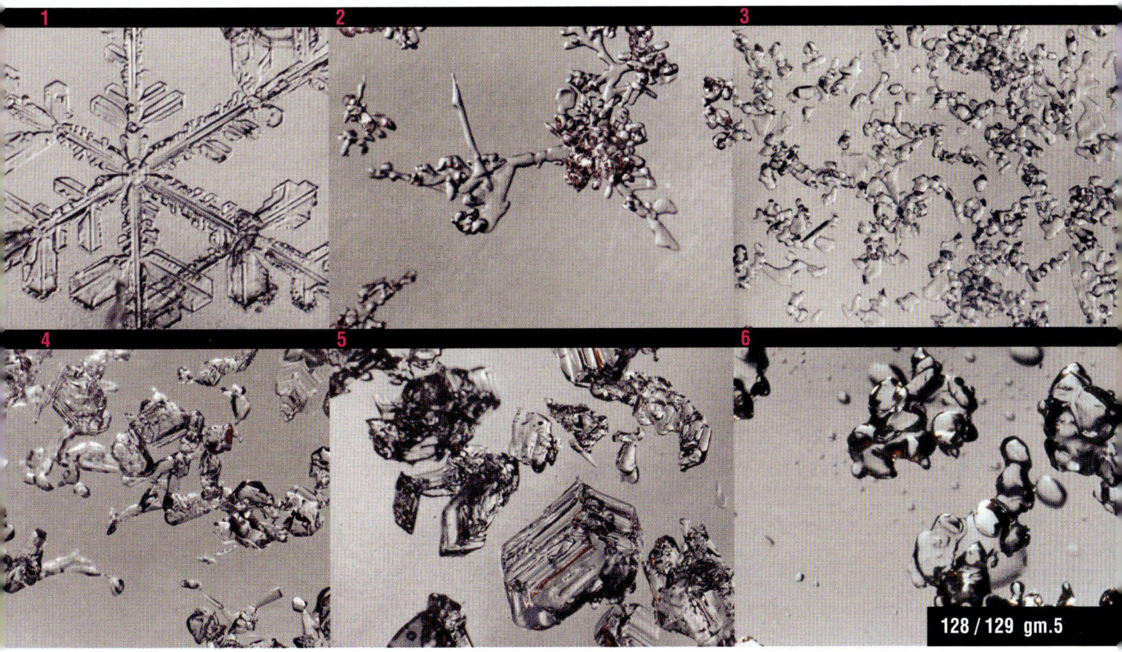

lawine großer gamsstein.

Lawine. Ein Ehepaar besteigt vom Parkplatz des Skigebiets Hochfügen aus problemlos das Sonntagsköpfl. Dort entscheiden sie sich für eine von der Aufstiegsroute abweichende Abfahrt. Sie queren dabei extrem steiles, ostexponiertes Gelände unterhalb des Großen Gamssteins. Dort lösen sie eine Schneebrettlawine aus, von der sie total verschüttet werden. Das Unglück wird von niemandem beobachtet. Der Mann ist nach Stillstand der Lawine bei Bewusstsein und verfügt über eine große Atemhöhle. Nach ca. 5 Stunden, um 19:02 Uhr, gelingt es dem total Verschütteten, einen Notruf abzusetzen und mit Hilfe des Handys den trotz Dunkelheit startenden Hubschrauber zur Unfallstelle zu dirigieren. So kann er um 20:30 Uhr zwar unterkühlt, aber unverletzt aus der Lawine geborgen werden. Seine Frau ist inzwischen verstorben.

Kurzanalyse. Es herrscht eine für den Wintersportler sehr heikle Zeit. Die primäre Ursache findet sich in der ab dem 20. 1. zunehmend kalten Witterung. Bei einer unterdurchschnittlich mächtigen Schneedecke werden vorhandene härtere Schichten sukzessive abgebaut und die Schneedecke dadurch von Tag zu Tag immer lockerer. Ab dem 28. 1. setzen dann Schneefälle ein. Es weht mitunter auch kräftiger Wind, der zu Verfrachtungen führt und frische, sehr störanfällige Triebschneepakete bildet. In Folge passieren im gesamten Alpenraum viele, zum Teil tödliche Lawinenunfälle und es beginnt eine überdurchschnittlich lange Periode, während der die Gefahr als erheblich bzw. teilweise sogar groß eingestuft wird. Ein zusätzliches Indiz für die ungünstigen Verhältnisse: Die Rettungsmannschaft löst während des Einsatzes eine weitere Lawine aus. Dabei passiert zum Glück nichts. ▮

Verschüttungsstelle

Wo Gamsstein / Tuxer Alpen / 1950 m / O-Hang / 40°
Wer 2 beteiligte Personen / 1 verletzte Person / 1 getötete Person
Wann 4. 2. 2010, ca. 14:00 Uhr
Lawine Schneebrettlawine (trocken) / L 150 m / B 40 m / Anriss 0,3 m / Verschüttung 0,5 m / 5 Std.
Regional gültige Gefahrenstufe 3 (erheblich)
Schlagzeile LLB Am Nachmittag sind aus extrem steilen sonnenbeschienenen Hängen mitunter spontane Lawinen möglich.
Lawinenproblem Altschnee

lawine mölser berg.

Lawine. Eine 12-köpfige Gruppe verbringt ein Tourenwochenende auf der Lizumer Hütte. Am 5. 2. planen sie bei prachtvollem Wetter eine gemütliche Tagestour auf den Mölser Berg. Sie beschließen den letzten Abschnitt in Richtung Gipfel direkt über den anfangs kupierten, dann steiler werdenden O-Hang aufzusteigen. Als sich sieben Teilnehmer bereits im sicheren Gratbereich und drei weitere kurz unterhalb bei einer Verflachung aufhalten, ertönt ein deutlich wahrnehmbares WUMM-Geräusch. In Folge löst sich eine große Schneebrettlawine. Zwei Personen, die sich in dem dazwischen liegenden, steilen Bereich befinden, werden von der Lawine erfasst und ca. 150 m mitgerissen. Alle reagieren rasch, ziehen ihren Airbag-Rucksack und werden nur teilweise verschüttet. Sie bleiben unverletzt.

Kurzanalyse. Seit dem 31. 1. schneit es in den Tuxer Alpen bei kalten Temperaturen unter kräftigem Windeinfluss ca. 60 cm. Die Altschneedecke besteht im Sektor W über N bis O verbreitet aus Schwimmschnee, schattseitig teilweise aus Oberflächenreif. Deren Entstehung wurde einerseits durch die gering mächtige Schneedecke während des Jänners, andererseits durch arktische Temperaturen ab dem 22. 1. gefördert. Der frische Triebschnee verbindet sich schlecht mit der Altschneedecke. Man beobachtet einige spontane Lawinenabgänge. Trügerisch präsentiert sich am Unfalltag die lockere Schneeoberfläche, die durch nachlassenden Wind gegen Ende der Schneefälle entstanden ist. Windzeichen sind dadurch vielfach überdeckt. Charakteristisch ist auch die flächige Ausdehnung der Lawine aufgrund des flächig vorhandenen Schwimmschneefundaments. ▮

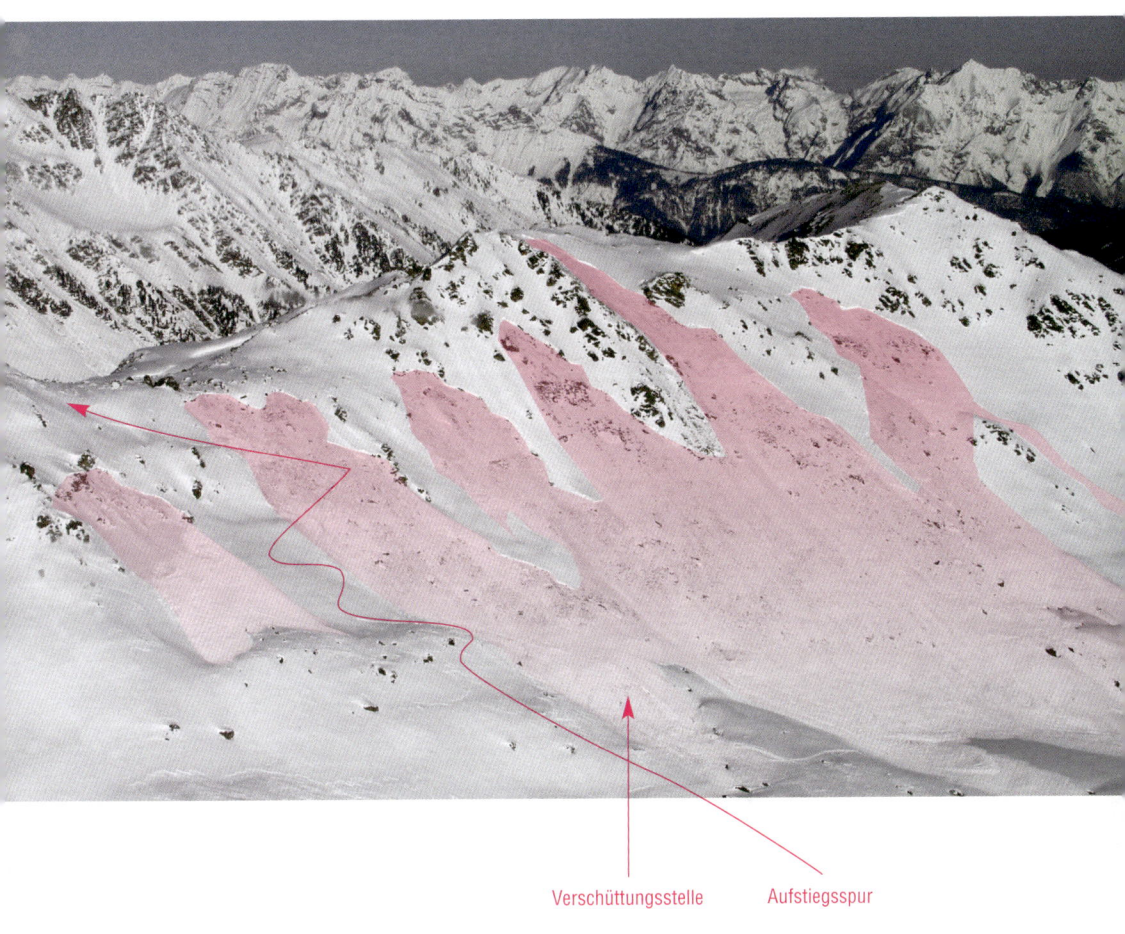

Verschüttungsstelle   Aufstiegsspur

Wo Mölser Berg / Tuxer Alpen / 2440 m / O-Hang / 35°
Wer 12 beteiligte Personen / 2 erfasste Personen
Wann 5. 2. 2005, 11:30 Uhr
Lawine Schneebrettlawine (trocken) / L 300 m / B 300 m / Anriss 0,5 - 2,5 m
Regional gültige Gefahrenstufe 3 (erheblich)
Schlagzeile LLB Heikle Situation für den Wintersportler!
Lawinenproblem Altschnee

gefahrenmuster.6
lockerer schnee und wind

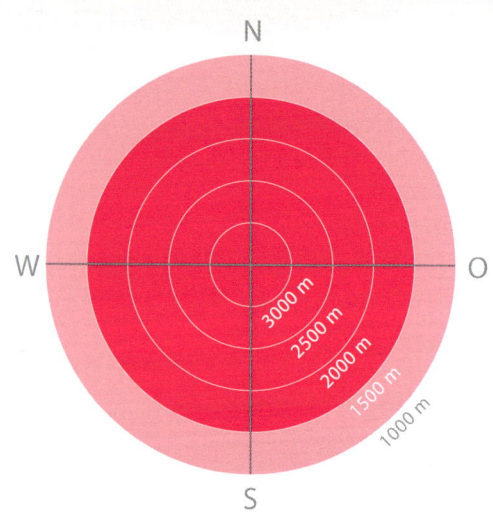

Dez Jan Feb

„Der Wind ist der Baumeister der Lawinen": Dieser klassische Spruch von Wilhelm Paulcke aus den dreißiger Jahren des vorigen Jahrhunderts gilt auch heute noch unverändert. Wind beeinflusst sowohl den fallenden als auch den bereits abgelagerten Schnee und ist einer der wesentlichsten Lawinen bildenden Faktoren. Bei lockerem, trockenen Schnee führt Wind immer zu Verfrachtungen und damit zu einer Zunahme der Lawinengefahr!

Je kälter der verfrachtete Schnee, desto empfindlicher reagiert er auf Belastung, weil die Sprödigkeit zunimmt. Charakteristisch für dieses gm ist, dass die Schwachschicht meist aus lockerem Neuschnee besteht und von Triebschnee überlagert ist. Es hat also entweder kurz zuvor bei kalten Temperaturen ohne Wind geschneit und dann zu wehen begonnen oder aber es beginnt ohne Windeinfluss zu schneien, wobei der Wind während des Schneefalls an Stärke zunimmt. Ein Muster, das sich in der Regel recht gut erkennen lässt und nur von kurzer Dauer ist.

Eine Ausnahme bilden nur jene (seltenen) Situationen, bei denen die aus lockeren, aufbauend umgewandelten Kristallen bestehende Altschneeoberfläche vom Wind verfrachtet wird. In der Regel bilden sich dann harte, spröde und über längere Zeit störanfällige Schneebretter.

lawine windachferner.

Es ist eine alltägliche Szene, wie sie im Winter auf dem Stubaier Gletscher Tausende Mal vorkommt: Ein Skifahrer stürzt, die Bindung löst aus, der gestürzte Skifahrer verliert einen Ski. Doch dieses Mal soll der verlorene Ski eine tragische Kettenreaktion auslösen.

☐ **Unfallhergang**

Ein 25-jähriger Skifahrer verliert beim Sturz auf der Piste am Stubaier Gletscher einen Ski. Der Ski gleitet daraufhin über den Pistenrand hinaus in das freie Skigelände und bleibt in einer Mulde unterhalb eines Windkolkes liegen. Der Skifahrer versucht, anfangs über einen Rücken und von dort weiter über eine kleine Mulde zum verlorenen Ski zu gelangen. Als er Richtung Ski absteigt, löst er im kammnahen, extrem steilen Gelände ein kleines Schneebrett aus. Er wird mitgerissen und ca. 1,5 m tief verschüttet. Der mit einem LVS-Gerät ausgestattete Skifahrer wird nach ca. 30 Minuten leblos ausgegraben. Unter Reanimation wird er nach Innsbruck in die Klinik geflogen, wo er in der Nacht auf den 7. 3. verstirbt.

☐ **Analyse**

Wetter und Schneedecke. Es ist Anfang März, normalerweise eine Zeit, während der man mit einer beginnenden Frühjahrssituation samt dem dafür typischen tageszeitlichen Gang der Lawinengefahr

Verschüttungsstelle

Wo Windachferner / Südliche Stubaier Alpen / 2950 m / SW-Hang / 40°
Wer 1 beteiligte Person / 1 getötete Person
Wann 6. 3. 2014, 15:00 Uhr
Lawine Schneebrettlawine (trocken) / L 30 m / B 30 m / Anriss 0,2–1 m, Verschüttung 1,5 m / 30 Min.
Regional gültige Gefahrenstufe 2 (mäßig)
Schlagzeile LLB Verbreitet mäßige Lawinengefahr
Lawinenproblem Triebschnee

Frischer Triebschnee hat sich einen Tag nach dem Unfall bereits gut mit dem vormals lockeren Neuschnee verbunden.

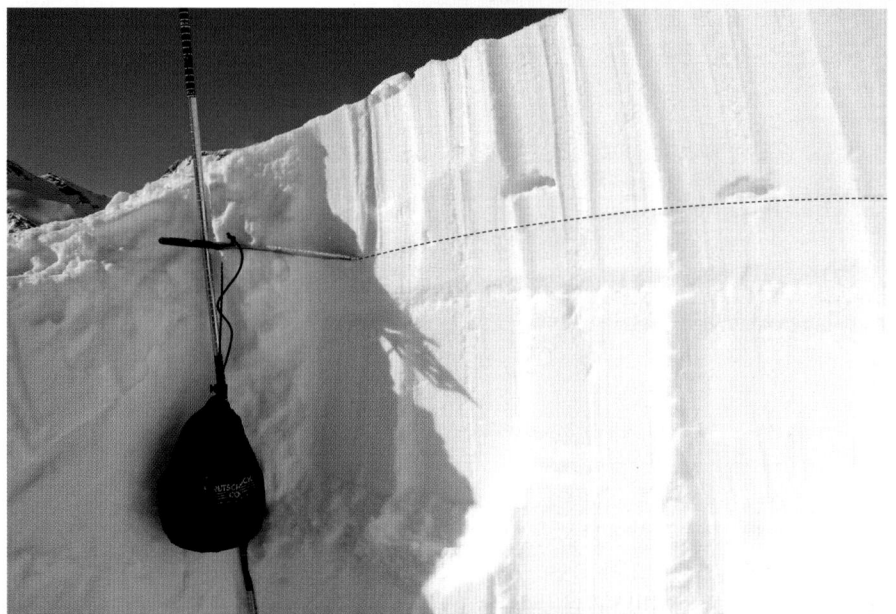

rechnet. Die erste Märzwoche präsentiert sich allerdings eher von der winterlichen Seite, v. a. von den Temperaturen her. In großen Höhen liegen diese um −10° und darunter. Die Tage vor dem Unfall schneit es immer wieder. Dazu weht gerade in der Höhe zum Teil kräftiger, kalter Wind aus nördlicher Richtung.
Die Altschneedecke ist allgemein gut aufgebaut. Probleme bereitet somit einzig der kürzlich gebildete Triebschnee. Mit etwas Erfahrung lässt sich dieser im Gelände sehr gut ausmachen. Einerseits erkennt man frische Wechtenbildung an jener Geländekante, wo der Skifahrer in die Mulde abgestiegen ist. Andererseits haben sich an der Schneeoberfläche Windgangeln und Winddünen gebildet. Die Lawine bricht an der Grenzfläche zwischen kürzlich gefallenem, lockeren Neuschnee und dem darüber abgelagerten, dichteren Triebschnee. Die Stabilitätstests, die wir am Folgetag durchführen, zeigen eine bereits wieder recht gute Verbindung dieser Schichten untereinander. Dies bestätigt einmal mehr, dass solche Gefahrensituationen häufig nur kurz anhalten. Entschärfend sind dabei steigende Temperaturen und zunehmende Strahlung, wie dies ab dem Unfalltag zu beobachten ist.

Lawinen. Die Störanfälligkeit der Schneedecke ist nicht hoch genug, als dass sich spontane Schneebrettlawinen gebildet hätten. Einzig durch die im Tagesverlauf zunehmende Sonneneinstrahlung sind im windberuhigten, extrem steilen Gelände vereinzelte Lockerschneelawinen denkbar. Die relevanten Gefahrenbereiche beschränken sich auf kammnahes, zumindest sehr steiles Gelände in größeren Höhen. Entsprechend fällt auch die Gefahrenstufe mit mäßig aus.

Gelände. Beim Unfallort handelt es sich um eine klassische Geländefalle, die bei verhältnismäßig wenig Schnee zu einer entsprechend tiefen Verschüttung führen kann. Wind aus nördlicher Richtung führt vermehrt zu Gefahrenbereichen in südlich ausgerichteten Hängen, entsprechend dem Unfallort. Ausschlaggebend für die Lawinenauslösung ist insbesondere auch die Neigung im obersten Bereich der Mulde, die dort 40° beträgt. Bekanntlich steigt im Normalfall die Auslösewahrscheinlichkeit von Lawinen mit zunehmender Neigung. Bei genauer Betrachtung des Geländes hätte es sichere Alternativrouten zum verlorenen Ski gegeben, eine davon im Nahbereich der Skispur, wo das Gelände deutlich flacher ist.

Kurz zusammengefasst: Mit etwas Erfahrung wäre die Gefahrensituation leicht zu erkennen gewesen: frischer, kammnaher Triebschnee bei immer noch kalten Temperaturen im extrem steilen, kammnahen Gelände. Aber Hand aufs Herz: Viele Wintersportler wären ähnlich zielstrebig ihrem verlorenen Ski gefolgt und hätten durch diese Fokussierung die offensichtlichen Gefahrenzeichen ausgeblendet.

Lockeren und gebundenen Schnee erkennen. Das einfachste Mittel, um herauszufinden, ob es sich um lockeren oder gebundenen Schnee handelt, bildet der Schaufeltest: einfach die Schneeschicht auf die Schaufel nehmen und dann leicht rütteln. Wenn die Schneeschicht sofort zerfällt, handelt es sich um lockeren Schnee. Falls nicht, ist der Schnee schon gebunden, entweder durch Setzungsprozesse oder weil er leicht angefeuchtet ist. Lockerer Schnee kann keine Spannungen übertragen, gebundener Schnee schon. Bereits schwach gebundener Schnee bildet Schneebretter („weiche Schneebretter").

gm.6 erkennen

Das Gefahrenmuster lässt sich im Allgemeinen recht gut erkennen, weil es unmittelbar die oberflächennahe, windbeeinflusste Schneeschicht betrifft. Eine Voraussetzung dafür ist jedoch die richtige Interpretation von Windzeichen – Anraum, Windgangeln oder Wechten –, die man leicht erlernen kann. Schwieriger wird die Einschätzung – in den allerdings selten auftretenden Fällen – nur dann, wenn nicht nur zu Beginn, sondern auch gegen Ende des Schneefalls schwacher oder gar kein Wind mehr weht, während der Schnee in der Hauptphase des Niederschlages entsprechend verfrachtet wurde. Dann kann eine lockere Schneeoberfläche kürzlich entstandene Gefahrenstellen überdecken. Dennoch: Meist finden sich im Gelände immer noch Anhaltspunkte über die Windtätigkeit. Ansonsten helfen Wetterstationsgrafiken, aber auch ein einfacher Stocktest, mit dem man gebundene Schneepakete unter dem lockeren Schnee aufspüren kann.

frühere Sturmperiode

Windzeichen erkennen. Die Tätigkeit des Windes lässt sich im Gelände oft leicht erkennen: Wechten, Windgangeln, -dünen, -kolke oder Anraum sprechen eine deutliche Sprache.

Was dabei aber immer beachtet werden muss: Oft sieht man nur die Zeichen des zuletzt tätigen Windes (vor allem am Morgen, vor der Hüttentür). Diese Windzeichen können aber trügerisch sein. Vielleicht ist gerade eine Front durchgezogen oder der Wind hat gedreht. So beobachtet man vielleicht bei leichtem Schneefall einen leichten Nordwestwind mit mäßiger Verfrachtung und ahnt nicht, dass es in den Nachtstunden davor heftigen Südwestwind mit ausgeprägten Schneeumlagerungen gab! Umgekehrt können markante Windzeichen, z. B. große Wechten, auf weiter zurückliegenden Wetterereignissen beruhen und den Blick auf die aktuelle Situation verfälschen.

Deswegen sollte man zusätzlich zu eigenen längerfristigen Beobachtungen auch immer den Service des Lawinenwarndienstes nützen. Mehr als 100 Wetterstationen mit allen Winddaten stehen rund um die Uhr kostenlos zur Abfrage über Internet bereit! ▌

aktuelle Sturmperiode →

1 Anraum **2** Wechte **3** Windgangeln **4** Windfahnen **5** Windkolk **6** Kometenschweif

hintergrundwissen lockerer schnee und wind.

wind definition

Der Wind ist eine Luftbewegung in der Atmosphäre, die sich aus zwei Komponenten zusammensetzt: aus Windrichtung und Windgeschwindigkeit. Hauptursache für Winde sind Luftdruckunterschiede: Luft strömt aus Gebieten höheren Luftdruckes (Hochdruckgebiete) in Gebiete mit geringerem Luftdruck (Tiefdruckgebiete), um diesen Unterschied auszugleichen. Da solche Druckunterschiede auf Grund der global unterschiedlichen Sonneneinstrahlung laufend neu geschaffen werden, kommt auch die Windtätigkeit nicht zur Ruhe.

☐ **Windrichtung**

Die Windrichtung wird entweder in Grad auf einer 360°-Skala angegeben oder in Richtungen auf der Windrose. 0° und 360° entsprechen dabei Nord, 90° Ost, 180° ist Süd und 270° schließlich West. Zu beachten ist, dass die Topografie des Gebirges Einfluss auf die Windrichtung hat: Berge und Täler, Rücken und Grate haben ablenkende Wirkung, sodass man dort häufig nicht die im Wetterbericht angegebene Hauptwindrichtung vorfindet. **Wichtig:** Angegeben wird immer, **woher** der Wind kommt: Ein Nordwind weht also **aus** Norden, nicht nach Norden!

☐ **Windgeschwindigkeit**

Diese wird entweder in m/s oder km/h angegeben, oft auch noch in Beaufort (Bft), da damit der Wind anhand seiner Wirkung recht gut abgeschätzt werden kann. Bei angegebenen Windgeschwindigkeiten handelt es sich um 10-Minuten-Mittelwerte. Häufig werden zusätzlich noch Werte für die Windspitzen (Böen) angeführt. Das ist dann der Maximalwert (während 2 Sekunden) innerhalb dieses 10-Minuten-Intervalls. Üblicherweise liegen die Werte für Windböen etwa beim Eineinhalb- bis Zweifachen des Mittelwertes. Zu beachten ist auch die Windzunahme mit der Höhe: So kann ein starker Wind im Kamm- oder Gipfelbereich durchaus Sturmstärke erreichen! Die Umrechnung der verschiedenen Einheiten kann man folgender Tabelle entnehmen:

Windgeschwindigkeit in verschiedenen Einheiten und die Auswirkung auf die Schneeverfrachtung.

Beaufort (Bft)		m/s	km/h	Wirkung
0	Windstille	0,0 – < 0,3	0	keine Luftbewegung
1	leiser Zug	0,3 – < 1,6	1 – 5	kaum merklich, keine Schneeverfrachtung
2	leichter Wind	1,6 – < 3,4	6 – 11	Wind im Gesicht spürbar, keine Verfrachtung
3	schwacher Wind	3,4 – < 5,5	12 – 19	Verfrachtung nur bei sehr trockenem, lockeren Neuschnee (Wildschnee)
4	mäßiger Wind	5,5 – < 8,0	20 – 28	Beginn nennenswerter Schneeverfrachtung
5	frischer Wind	8,0 – < 10,8	29 – 38	Wind deutlich hörbar, Verfrachtungen zu beobachten
6	starker Wind	10,8 – < 13,9	39 – 49	Hörbares Pfeifen des Windes, zunehmende Verfrachtungen
7	steifer Wind	13,9 – < 17,2	50 – 61	Bäume schwanken, Widerstand beim Gehen gegen den Wind, umfangreiche Verfrachtungen
8	stürmischer Wind	17,2 – < 20,8	62 – 74	große Bäume werden bewegt, beim Gehen erhebliche Behinderung, Verfrachtungen werden zunehmend unregelmäßig
9	Sturm	20,8 – < 24,5	75 – 88	Kampf um Erhalt des Gleichgewichtes, Turbulenzen, Verfrachtungen unregelmäßig in allen Expositionen
10	schwerer Sturm	24,5 – < 28,5	89 – 102	Skitouren im Allgemeinen nicht möglich
11	orkanartiger Sturm	28,5 – < 32,7	103 – 117	Skitouren im Allgemeinen nicht möglich
12	Orkan	> 32,7	> 117	Skitouren im Allgemeinen nicht möglich

☐ Windverfrachtung

Die Lawinen bildende Funktion des Windes erklärt sich vor allem durch die Windverfrachtung. Für die Verfrachtung von Schnee ist vor allem die Art der Schneekristalle von Bedeutung. Sind diese locker und trocken, beginnt nennenswerte Verfrachtung des abgelagerten Schnees schon bei etwa 15 km/h, beim fallenden Schnee auch schon bei geringeren Windgeschwindigkeiten! Man unterscheidet dabei zwischen Schneefegen, das unter Augenhöhe bleibt und die Sicht nicht behindert, und Schneetreiben, das über 2 Meter Höhe erreicht. Am meisten Schnee wird in der bodennahen Schicht, bis etwa einen halben Meter über der Schneeoberfläche verfrachtet. **Wichtig:** Die Schneeverfrachtung nimmt grundsätzlich stark mit steigender Windgeschwindigkeit zu. Faustregel: eine Verdoppelung der Windgeschwindigkeit kann bis zu achtmal mehr Schnee verfrachten! Unsere Erfahrungen aus der Praxis zeigen jedoch, dass bei starken bis stürmischen Winden, also Geschwindigkeiten zwischen etwa 40 und 75 km/h, die Windrichtung konstanter als bei noch höheren Windgeschwindigkeiten ist. Dadurch findet bei diesen Windgeschwindigkeiten auch der größte Schneemassentransport in die Lawineneinzugsgebiete statt. Bei noch höheren Windgeschwindigkeiten nehmen die Turbulenzen zu, was unweigerlich zu einem ständigen Wechsel der Windrichtung und damit vergleichsweise weniger ausgeprägten Schneeverfrachtungen führt. Die Mengen des vom Wind umgelagerten Schnees können gewaltig sein: So ist es keine Seltenheit, dass ein Hang im Luvbereich (= dem Wind zugewandte Seite) völlig abgeweht ist, sodass Gras und Steine sichtbar sind, während wenige Meter über den

Gefährliche Triebschneepakete finden sich häufig in kammnahen Lee-Bereichen. Gut lässt sich dies mitunter an den völlig abgewehten Rücken im Luv erkennen.

Luv

Kamm hinweg im Lee (= windabgewandte Seite) mehrere Meter Triebschnee liegen! Noch ein Erfahrungswert: Bei geringen und mäßigen Windgeschwindigkeiten liegen die kritischen Einwehungen häufig unmittelbar in Kammnähe, bei starkem Wind weiter in den Hängen, an Hangkanten und häufig am Wandfuß unter Felsabsätzen, bei stürmischem Wind über einen großen Raum diffus verteilt.

☐ **Neuschnee als Schwachschicht**

Ohne Schwachschichten gibt es keine Schneebrettlawinen. Schwachschichten können dabei unterschiedlich beschaffen sein. Zu den „klassischen" Schwachschichten zählen aufbauend umgewandelte Kristalle in Form von kantigen Kristallen, Schwimmschnee oder Oberflächenreif. Diese sind dadurch charakterisiert, dass sie sich, sobald eingeschneit, nur (sehr) langsam mit den umliegenden Schichten verbinden. Ganz anders schaut es immer dann aus, wenn lockerer Neuschnee von Triebschnee überlagert wird und als Schwachschicht dient. Dies kann entweder während oder aber unmittelbar nach einem Schneefallereignis auftreten. In ersterem Fall weht zu Beginn des Schneefalls noch kein Wind. Dieser nimmt erst im Verlauf des Schneefalls zu. In letzterem Fall lagert sich der gesamte Neuschnee locker ab. Erst danach (mitunter ein bis zwei Tage) setzt Wind ein und verfrachtet den Neuschnee ins Lee, wo dieser auf dem lockeren Neuschnee abgelagert wird. Die mögliche Lawinengleitfläche befindet sich dabei immer unmittelbar an der Schichtgrenze zwischen Triebschnee und lockerem Neuschnee. Beide Schichten verbinden sich relativ rasch (meistens innerhalb eines Tages). ▌

lawine hohe munde.

Lawine. Die Hohe Munde hat sich vom selten begangenen Frühjahrsziel zu einem sehr frequentierten „Ganzwinter-Skitourenberg" entwickelt. Kurz vor Weihnachten befinden sich zwei deutsche Skitourengeher auf dem Weg zum Gipfel. Als sie sich im oberen Drittel der Route im steilen Gelände befinden, lösen sie eine Schneebrettlawine aus, von der beide Personen mitgerissen werden. Eine Person bleibt bei einer Verflachung mit Verletzungen an der Schneeoberfläche liegen, die zweite Person wird weiter über felsdurchsetztes Gelände mitgerissen und erleidet dadurch tödliche Verletzungen.

Kurzanalyse. Ein kurzes Zwischenhoch verspricht bei kalten Temperaturen am Vormittag meist wolkenloses Wetter. Die Landschaft präsentiert sich aufgrund vorangegangener Neuschneefälle von ca. 30 cm winterlich. Die Altschneedecke ist im Unfallgebiet stabil. Die Gefahr geht von kürzlich entstandenen Triebschneepaketen aus, welche man nur oberhalb der Waldgrenze antrifft. Darunter lässt sich traumhafter Pulverschnee auf einer harten Altschneedecke genießen. Oberhalb der Waldgrenze hingegen wehte zuvor Wind aus nördlicher Richtung, der mit zunehmender Seehöhe stärker wurde. Entsprechend nimmt die Verbreitung von Triebschneepaketen mit der Seehöhe zu.
Heimtückisch erscheint die Situation u. a. deshalb, weil gegen Ende der letzten Schneefälle der Windeinfluss abgenommen hat und dadurch Triebschneepakete von lockerem Schnee überdeckt wurden. Die Gefahrenbeurteilung ist dadurch erschwert. Dennoch: Auch am Unfalltag weht in der Höhe Wind, der weitere frische, störanfällige Triebschneepakete bildet. Bergretter, die sich an der Unfallstelle befinden, berichten überdies von Rissbildungen beim Betreten der Schneedecke. ▮

Wo Hohe Munde / Westliche Nordalpen / 2350 m / SO-Hang / 40°
Wer 2 beteiligte Personen / 1 tote, 1 verletzte Person
Wann 20. 12. 2012, 12:00 Uhr
Lawine Schneebrettlawine (trocken) / L 650 m / B 50 m / Anriss 0,3 m
Regional gültige Gefahrenstufe 2 (mäßig)
Schlagzeile LLB Erhöhte Störanfälligkeit der Schneedecke v. a. oberhalb etwa 2200 m im Sektor W über N bis O
Lawinenproblem Triebschnee

lawine lafatscher joch.

Lawine. Zwei bayerische Skitourengeher planen das Karwendel zu durchqueren. Sie brechen am Montag, den 4. 3. von Gießenbach bei Scharnitz auf. Als sie sich am 8. 3. nicht – wie vereinbart – bei ihren Angehörigen melden, schlagen diese Alarm. Während eines Suchfluges wird am 9. 3. mittags ein Lawinenkegel unterhalb des Lafatscher Jochs entdeckt, aus dem ein lebloser Körper ragt. Die zweite Person wird im Zuge einer aufwändigen Suchaktion erst Mitte Mai gefunden.

Kurzanalyse. Tirol befindet sich am 5. 3. und 6. 3. in einer kräftigen, südwestlichen Föhnströmung. Auf den Bergen ist es stürmisch, speziell in den typischen Föhnschneisen, so auch am Lafatscher Joch, wo der Südwind nochmals kanalisiert wird. Die Sicht ist passabel mit Auflockerungen. Vor dem Föhnsturm überwiegen im Land günstige Verhältnisse mit tollen Pulverschneehängen. Diese wandeln sich durch den Sturm innerhalb kürzester Zeit zu gefährlichen, mit Triebschnee gefüllten Fallen um. Einem Hüttenbucheintrag zufolge erkennen beide die durch den Föhnsturm bedingte Gefahrenzunahme, versuchen aber dennoch, den abschnittsweise extrem steilen Übergang in Richtung Hallerangerhaus zu bewältigen. Sie folgen dabei dem Sommerweg und lösen die Lawine bereits in mäßig steilem Gelände auf einer vom Wind hart gepressten Schneeoberfläche aus. Es handelt sich um ein hartes, sehr sprödes Schneebrett, das sich unmittelbar zuvor gebildet hat.
Wichtiger Grundsatz für die Praxis ist, dass eine harte Schneeoberfläche nicht immer Sicherheit bietet. Gut zu wissen ist auch, dass harte Schneebretter insbesondere während einer kalten Witterung während oder unmittelbar nach Sturmereignissen besonders auslösefreudig sind. ▮

Wo Lafatscher Joch / Westliche Nordalpen / 1950 m / N-Hang / 33°
Wer 2 beteiligte Personen / 2 getötete Personen
Wann 6. 3. 2013, Zeit unbekannt
Lawine Schneebrettlawine (trocken) / L 230 m / B 70 m / Anriss 0,3–1,5 m / Verschüttung 3 Tage bzw. 2 Monate
Regional gültige Gefahrenstufe 2 (mäßig)
Schlagzeile LLB Im Hochgebirge Vorsicht vor Triebschneeansammlungen
Lawinenproblem Triebschnee

gefahrenmuster.7
schneearm neben schneereich

Die Grafik gilt für schneereiche Winter mit ausgeprägten Nordwestwetterlagen.

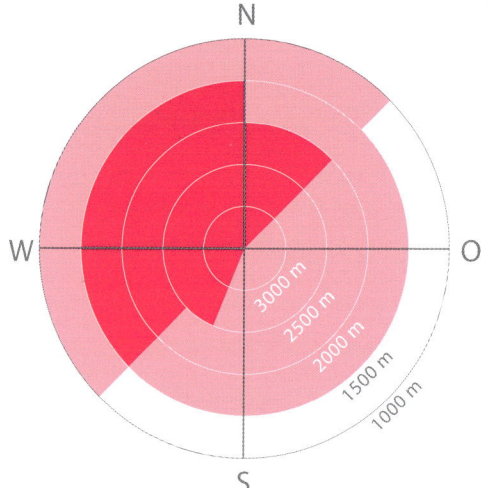

Schneearme Bereiche weisen in der Regel einen ungünstigeren Schneedeckenaufbau auf als schneereiche. Dies hat mit vermehrten Umwandlungsprozessen innerhalb der Schneedecke zu tun. Zusätzlich lassen sich Schneebrettlawinen an schneearmen Stellen auch deshalb leichter auslösen, weil die Schwachschichten nicht allzu tief begraben liegen und somit eher durch Zusatzbelastung gestört werden können. Häufig beobachtet man Lawinenauslösungen deshalb auch an Übergangsbereichen von schneearmen zu schneereichen Stellen. Dies trifft häufig im Nahbereich von Geländekanten, immer wieder auch auf Rücken zu.

lawine silleskogel.

Bei diesem Beispiel handelt es sich um einen der ganz wenigen Unfälle, bei denen wir uns im Vorfeld der Unfallanalyse keinen eindeutigen Reim über die Ursache machen konnten. Erst unmittelbar am Lawinenanriss offenbarte sich uns die Lösung dieses Rätsels.

☐ **Unfallhergang**

Zwei einheimische Skitourengeher fahren einzeln in den bereits teilweise verspurten Gipfelhang des Silleskogels in den Zillertaler Alpen ein. Während die erste Person problemlos den Hangfuß erreicht und dort wartet, löst die zweite Person kurz nach der Einfahrt in den Hang ein Schneebrett mittlerer Größe aus. Die Lawine überspült dabei auch die Aufstiegsroute sowie jene Stelle, an der die erste Person wartet. Allerdings gelingt ihr die Schussflucht aus dem Gefahrenbereich. Die mitgerissene Person kann ihren Airbag auslösen und wird bis zum Kopf verschüttet. Sie zieht sich nur leichte Prellungen zu und kann sich unter Mithilfe der anderen Person ausgraben. Glücklicherweise befindet sich sonst niemand im relativ breiten Auslaufbereich der Lawine.

☐ **Analyse**

Wetter und Schneedecke. Wechselhaftes, für die Jahreszeit zu kaltes Wetter mit Schneefall; meist wenig, mit der Seehöhe allerdings zunehmender Wind und doch relativ viel Sonnenschein

Verschüttungsstelle   Auslösepunkt

Wo Silleskogel / Zillertaler Alpen / 2360 m / N-Hang / 40°
Wer 2 beteiligte Personen, davon 1 verletzt
Wann 1. 4. 2013, 13:00 Uhr
Lawine Schneebrettlawine (trocken) / L 300 m / B 250 m / Anriss 0,4 m / Verschüttung 10 Min.
Regional gültige Gefahrenstufe 3 (erheblich)
Schlagzeile LLB Hochalpin gebietsweise erhebliche Lawinengefahr – Achtung auf frischen Triebschnee!
Lawinenproblem Neuschnee / Altschnee

Im Einfahrtsbereich liegt wenig Schnee auf einer ausgeprägten Schwimmschneeschicht. Dort wird die Lawine ausgelöst.

charakterisiert die vorangegangenen Osterferien. Die Luft ist zeitweise sehr trocken. Oft trifft man auf traumhaften Kanada-Pulverschnee, am meisten davon im Westen des Landes. Dort wächst die Neuschneehöhe zum Teil kleinräumig mit zunehmender Seehöhe markant an. Im Unfallgebiet kommen in Summe 30–40 cm zusammen. Die Schneeoberfläche wird von Tag zu Tag unregelmäßiger. In besonnten Hängen bilden sich zunehmend (brüchige) Schmelzkrusten, in Schattenhängen lässt sich Pulver genießen, der allerdings in größeren Höhen vermehrt vom Wind beeinflusst ist.

Umfangreiche Schneedeckenuntersuchungen zeigen, dass die Altschneedecke meist recht kompakt bzw. derart spannungsarm ist, dass kaum Gefahrenstellen anzutreffen sind. Das leicht einzuschätzende Hauptproblem bilden frische Triebschneepakete in großen Höhen.

Entscheidend für den Lawinenabgang sind nun drei Faktoren:

▎ Aufgrund einer ganz besonderen Wetterkonstellation beginnt sich ab dem 27. 3. eine dünne, kantige Schicht aufgrund von gm.4 auszubilden. Man erkennt diese Schicht. Sämtliche Stabilitätstests zeigen jedoch eine durchwegs gute Verbindung und keine Tendenz zur Bruchausbreitung.

▎ Der kürzlich gefallene Neuschnee hat sich inzwischen etwas gesetzt und kann dadurch Spannungen aufnehmen.

▎ Wesentlich ist aber die Entdeckung, die wir bei der Einfahrtsspur am Lawinenanriss machen. Dort finden wir einen schneearmen Bereich, bei dem in Bodennähe massiv Schwimmschnee vorhanden

Impressionen während des Aufstiegs

ist. An einigen Stellen ist die darüberliegende Schneedecke gut, an einigen schlecht verbunden. Der Skitourengeher muss einen solchen „Hotspot" erwischt haben und löst bei seinem ersten Schwung in den Hang das Schneebrett aus. Erst durch die Zusatzbelastung dieses kleinen Schneebretts kommt es zum Bruch in der dünnen, kantigen Schicht. Dies erklärt das überraschende Ausmaß der Lawine.

Lawinen. Es gibt keine offensichtlichen Warnhinweise in Form von frischen Lawinen. In besonnten Hängen beobachtet man vereinzelt im extrem steilen Gelände Lockerschneelawinen, die jedoch harmlos sind.

Gelände. Die Lawine wird in extrem steilem, schattigen, kammnahen Gelände ausgelöst. Entscheidend ist, dass sich dort während des Winters aufgrund der Windexponiertheit nur wenig Schnee halten konnte. Dies förderte wiederum die aufbauende Umwandlung in Bodennähe.

Bei diesem Unfall ist einiges Pech im Spiel. Dennoch: Wenn man etwas daraus lernen kann, dann die Tatsache, dass man trotz eines allgemein guten Schneedeckenaufbaus im sehr steilen Gelände insbesondere an schneearmen Stellen eher Schneebrettlawinen auslösen kann als an schneereichen. Somit sollte man schneearme Bereiche, welche übrigens im Einfahrtsbereich gut zu erkennen gewesen wären, eher meiden. ▮

gm.7 erkennen

Schneearme Stellen lassen sich in schneereicher Umgebung in der Regel meist recht gut erkennen. Häufig handelt es sich dabei um kammnahes Steilgelände. Regelmäßig beobachtet man davon betroffene Hänge aber auch in Bereichen, die dem Wind vermehrt ausgesetzt sind. Nicht selten findet sich dieses gm deshalb in Tirol – entsprechend den NW-Wetterlagen – in sehr steilen NW- bis W-Hängen.

Einen klaren Hinweis auf schneearme Bereiche liefern immer auch vermehrt aus der Schneedecke herausragende Steine bzw. Felsblöcke innerhalb einer Exposition, während sich die anderen Expositionen tief winterlich verschneit präsentieren.

hintergrundwissen schneearm neben schneereich.

gm.7 definition

Kritisch sind in schneereichen Wintern vor allem die Übergänge von schneereichen in schneearme Bereiche. Falls nämlich eine störanfällige Schwachschicht innerhalb der Schneedecke eingelagert ist, kann diese an schneearmen Stellen leichter durch Zusatzbelastung gestört werden als in schneereichen Bereichen.

Tückisch an dieser Situation ist, dass unerfahrene Wintersportler dazu neigen, aus Rinnen oder Mulden vermeintlich sichere Bereiche anzusteuern: die Randbereiche, herausragende Felsen, Kuppen oder Ähnliches. Gerade in der Nähe dieser Bereiche nimmt die Schneehöhe oft markant ab, Schwachschichten sind nur dünn überdeckt, Lawinen können daher relativ leicht ausgelöst werden. Schneereiche Winter gelten im Allgemeinen als lawinensicherer als schneearme (mit Ausnahme von extrem schneereichen Wintern wie etwa 98/99). Der Grund dafür liegt vor allem im stabileren Schneedeckenaufbau: Bei großen Schneehöhen ist der Temperaturgradient innerhalb der Schneedecke geringer, was die aufbauende Umwandlung verzögert.

Zudem hat immer wieder auftretender Neuschneezuwachs in zweifacher Hinsicht einen günstigen Einfluss auf die Schneedeckenstabilität: Zum einen kommt es in instabilen Bereichen zu Selbstauslösungen von Lawinen, was die Lawinensituation anschließend wieder entspannt. Zum anderen führt Neuschneezuwachs in stabilen Bereichen durch das Zusatzgewicht der neu auflastenden Schneemengen zu einer Setzung und damit Verfestigung der Schneedecke.

☐ **Zusatzbelastung**

Wichtig im Hinblick auf eine Lawinenauslösung sind natürlich Art und Größe der Störung, die auf die Schneedecke einwirkt. Die Arbeitsgemeinschaft der europäischen Lawinenwarndienste unterscheidet hier zwischen großer und geringer Zusatzbelastung. Diese Einteilung basiert auf groben Richt-

An Stellen mit geringer Überdeckung einer Schwachschicht (A) kann ein Wintersportler eine Lawine auslösen, bei genügend viel Schnee darüber (B) ist das nicht mehr möglich.

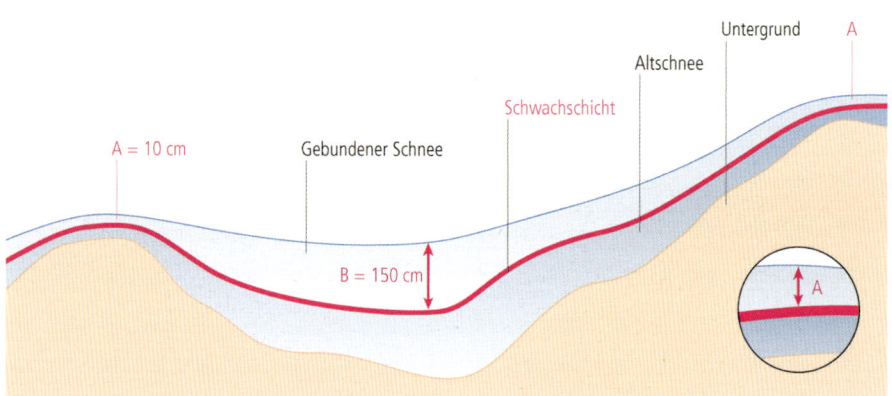

werten, weil eine exakte Angabe, ab wann eine Lawinenauslösung wirklich möglich ist, naturgemäß nicht getroffen werden kann. Als grobe Faustregel gilt: Das Verwenden von Skiern, Snowboards oder Schneeschuhen reduziert die Belastung (weniger Druck aufgrund größerer Fläche, mögliche Schwachschichten werden nicht so leicht erreicht) genauso wie Entlastungsabstände im Aufstieg bzw. beim einzelnen Abfahren. Das heißt: Ein einzelner Alpinist im Aufstieg ohne Ski stört die Schneedecke mehr als eine Gruppe von Skitourengehern mit Entlastungsabständen und ein stürzender Skifahrer belastet die Schneedecke wesentlich stärker als mehrere stehende!

Ein einzelner Skifahrer oder Snowboarder kann die Schneedecke aufgrund seines Gewichtes nur bis in eine gewisse Tiefe beeinflussen bzw. stören: Bei weichem Schnee liegt diese Tiefe bei etwa 80–100 cm, bei gut gebundenem Schnee (Triebschnee) dringt die Störung aber kaum mehr als 50 cm tief ein. Zusätzlich ist zu beachten, dass bei oberflächlich hartem Schnee die Zusatzbelastung durch einen Wintersportler auf eine größere Fläche verteilt wird und damit nur wenig in tiefere Schichten vordringt. Ist die obere Schneeschicht weich, dringt die Störung zwar tiefer ein, wirkt aber weniger auf die Fläche. Das heißt, wenn ausreichend gebundener Schnee über einer Schwachschicht lagert (z. B. in der Mitte einer Mulde), dann kann ein einzelner Wintersportler diese Schwachschicht kaum stören. Wenn aber zum Rand der Mulde hin oder im Übergang zu einer abgewehten Kuppe, nur noch wenig Schnee die Schwachschicht überdeckt, wird diese gestört, und es kann in Folge eine Lawine ausgelöst werden! ▌

Ein Sturz gilt als große Zusatzbelastung – ca. 10 x das Eigengewicht des Stürzenden.

große Zusatzbelastung
- zwei oder mehrere Skifahrer/Snowboarder etc. ohne Entlastungsabstände
- Pistenfahrzeug, Lawinensprengung
- auch einzelner Fußgänger/Alpinist

geringe Zusatzbelastung
- einzelner Skifahrer oder Snowboarder, sanft schwingend, nicht stürzend
- Gruppe mit Entlastungsabständen (mindestens 10 m)
- Schneeschuhgeher

lawine valluga.

Lawine. Die Valluga-Nordabfahrt ist für ihre extreme Steilheit und Exponiertheit bekannt. Es handelt sich um freies Skigelände, das selbständig beurteilt werden muss. Zugang zu dieser Abfahrt mittels einer kleinen Gondelbahn haben nur geführte Gruppen. Am Unfalltag wählt ein Bergführer mit sechs Gästen die Abfahrt Richtung Zürs. Der Bergführer wartet nach einer Querung gemeinsam mit einem Gast bei einem Sammelpunkt, während sich vier Gäste in der Abfahrt und einer noch beim vorangegangenen Sammelpunkt, einer kleinen Einsattelung, befinden. Die vier abfahrenden Personen lösen eine Schneebrettlawine aus, die alle Personen mitreißt. Eine der Personen bleibt oberhalb eines Felsabbruchs mit Prellungen liegen, drei weitere werden über felsiges Gelände mitgerissen, aber ebenso nicht verschüttet, erleiden jedoch einmal schwere und zweimal tödliche Verletzungen.

Kurzanalyse. Der Winter 2014/15 ist für ein markantes Altschneeproblem mit bodennahen Schwachschichten vom Frühwinter bekannt. Der Unfallhang ist davon allerdings kaum betroffen, da die maßgeblichen meteorologischen Einflüsse in dieser Höhenlage nicht vorhanden waren. Um die Ursache des Lawinenabgangs herauszufinden, werden an unterschiedlichsten Stellen im Hang Profile und Stabilitätsuntersuchungen durchgeführt – von Profilen mit sehr ungünstigem bis sehr gutem Aufbau ist alles vorhanden. Es stellt sich heraus, dass die Ursache des Lawinenabgangs mit der kleinräumig sehr störanfälligen Altschneedecke an schneearmen Stellen zu tun hat. Dort entwickelten sich während des Winters unterhalb von Krusten ausgeprägte kantige Kristalle bzw. Schwimmschnee. Somit dürfte es sich um einen klassischen Hotspot handeln, an dem die Lawine ausgelöst wurde. ∎

Wo Valluga, Arlberg – Außerfern / 2790 m / N-Hang / 40°
Wer 7 beteiligte Personen / 2 getötete und 2 verletzte Personen
Wann 19. 1. 2015
Lawine Schneebrettlawine (trocken) / L 800 m / B 55 m / Anriss 0,2–1,9 m
Regional gültige Gefahrenstufe 2 (mäßig)
Schlagzeile LLB Oberhalb etwa 2100 m weiterhin zum Teil heikle Lawinensituation – mit Regen Gleitschnee beachten!
Lawinenproblem Altschnee

lawine malgrubenspitze.

Lawine. Zwei Brüder steigen an einem schönen Frühlingstag vom Parkplatz der Axamer Lizum über sehr steiles, schattiges Gelände zur Malgrubenscharte auf. Anschließend fahren sie in Abständen in den Hang ein. Schon nach wenigen Schwüngen löst einer der Skifahrer in einem schneearmen Bereich ein Schneebrett aus. Beide Personen werden mitgerissen. Einem der beiden gelingt es, gerade noch zu entkommen, während der andere mitgerissen und total verschüttet wird. An der Suche beteiligen sich weitere Skitourengeher, die sich in der Nähe der Unfallstelle befinden. Da der Verschüttete – wie sich später herausstellt – sein LVS-Gerät zwar dabei, aber nicht eingeschaltet hat, gestaltet sich die Suche schwierig. Dieser kann erst nach zwei Stunden von der Bergrettung geortet und anschließend ausgegraben werden. Er verstirbt noch am selben Tag in der Klinik.

Kurzanalyse. Zwei Kälteperioden des Winters hinterlassen bis zum Unfallzeitpunkt insbesondere im schattigen Gelände ihre Spuren. Dort findet man bodennahe Schwachschichten vom Frühwinter, welche allerdings nicht allzu störanfällig sind. Dies einerseits, weil sich die Schwachschichten inzwischen wieder etwas verfestigen konnten, andererseits, weil der frühjahrsbedingte Wärmeeinfluss im Unfallhang noch nicht zu einem Wassereintrag in die Schneedecke und somit zu einem neuerlichen Festigkeitsverlust führt. Im Zuge der Unfallanalyse erkennt man, dass die Schneemächtigkeit vor allem im oberen Drittel deutlich geringer ist als weiter unten – wohl eine Folge des Windeinflusses. Dies erklärt auch, dass die bodennahe Schwachschicht wegen vermehrter Umwandlungsprozesse in schneeärmeren Bereichen nach oben hin immer ausgeprägter wird. ∎

Verschüttungsstelle

Wo Malgrubenscharte / Nördliche Stubaier Alpen / 2380 m / N-Hang / 40°
Wer 2 beteiligte Personen / 1 getötete Person
Wann 22. 4. 2010, 10:15 Uhr
Lawine Schneebrettlawine (trocken) / L 350 m / B 40 m / Anriss 0,1–0,7 m / Verschüttung 2,5 m / 2 Std.
Regional gültige Gefahrenstufe 2 (mäßig)
Schlagzeile LLB Günstige Verhältnisse am Morgen – dann tageszeitlicher Anstieg der Lawinengefahr
Lawinenproblem Altschnee

gefahrenmuster.8
eingeschneiter oberflächenreif

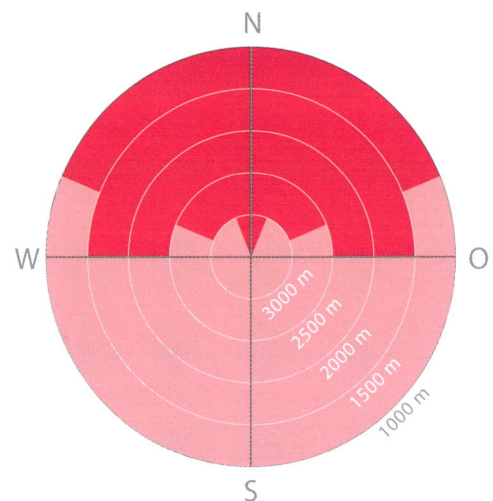

	Nigg-Effekt				Nigg-Effekt	
Dez	Jan	Feb	März	April	Mai

Oberflächenreif zählt zu den schönsten Schneearten überhaupt und birgt für sich allein gesehen noch kein Gefahrenpotenzial: Erst wenn er von neuen, gebundenen Schneeschichten überdeckt wird, wird er gefährlich und gilt deshalb zu Recht als eine der kritischsten Schwachschichten der Schnee- und Lawinenkunde.

lawine galtenberg.

Es handelt sich um eine persönliche Geschichte von einem der Autoren. Nach einer lawinenaktiven Zeit mit mehreren, zum Teil auch tödlichen Lawinenunfällen gilt es, eine Tourengruppe eines alpinen Vereins sicher auf den Galtenberg in den Kitzbüheler Alpen zu bringen. Hätte entsprechendes Hintergrundwissen gefehlt, so wäre die Wahrscheinlichkeit sehr groß gewesen, in eine der zahlreichen, gespannten Fallen zu tappen.

☐ **Lawinenabgang**

Aufgrund einer für den Wintersportler durchwegs heiklen Lawinensituation entscheiden wir uns bei der Tourenplanung für ein defensives Ziel. Wir wählen den in den Kitzbüheler Alpen gelegenen Galtenberg und lassen es offen, ob wir den Gipfelhang begehen. Wir starten von Inneralpbach und ziehen unsere Spur über mäßig steiles Gelände im lichten Waldbereich bis zu jenem langen Grat, der Richtung Gipfel hinaufzieht. Wir erkennen, dass der Gipfelaufbau – wie so oft bei diesem Berg – abgeweht ist, und bewältigen diesen zu Fuß.
Am Galtenberg genießen wir dann die grandiose Aussicht und freuen uns über den gelungenen Gipfelsieg. Wir wissen, dass sich kürzlich massiv Oberflächenreif gebildet hat. Dies weckt die Neugierde des Autors, einen Blick in die Schneedecke zu werfen. Eventuell kann von sicherer Stelle aus sogar ein Schneebrett in ein menschenleeres, gut erkennbares Becken ausgelöst werden? Gründlich wird dafür ein möglichst sicherer Platz ausgesucht. Es braucht schlussendlich nur ein vorsichtiges Tippen

Wo Galtenberg / Kitzbüheler Alpen / 2420 m / ONO-Hang / 45°
Wer 1 beteiligte Person
Wann 13. 3. 2005, 14:30 Uhr
Lawine Schneebrettlawine (trocken) / L 400 m / B 90 m / Anriss 0,5 m
Regional gültige Gefahrenstufe 3 (erheblich)
Schlagzeile LLB Gebietsweise erhebliche Lawinengefahr
Lawinenproblem Neuschnee

Rissbildungen

eines Fußes vom sicheren Grat in den steilen ONO-Hang. Sofort entwickeln sich Risse. Leise löst sich dann ein Schneebrett, welches unter Staubentwicklung über die teils felsdurchsetzte Gipfelflanke in Richtung Tal rauscht. Sofort meldet der Autor den Lawinenabgang als „Negativlawine" bei der Leitstelle, sodass kein unnötiger Lawineneinsatz initiiert wird. Die Lawine beeindruckt alle Teilnehmer derart, dass es bei der Abfahrt nicht einmal den Funken einer Diskussion gibt, ev. steilere, unverspurte Hänge zu befahren. Über die defensive Aufstiegsroute gelangen wir sicher ins Tal.

☐ **Analyse**

Wetter und Schneedecke. Der Winter 2004/05 zeichnet sich durch lang anhaltende, winterliche Temperaturen bis einschließlich Anfang März aus. Es werden dann sogar die kältesten Temperaturen des gesamten Winters gemessen. Zu Beginn des Monats herrscht noch Hochdruckwetter. Erst in der zweiten Märzwoche kommt es im Nordstau zu intensiven Schneefällen. Dazu bläst teils kräftiger Nordwestwind. Dies sind alles keine guten Vorzeichen für die Schneedecke: Dort findet man noch vom Frühwinter zum Teil ein störanfälliges Schwimmschneefundament. Innerhalb der Altschneedecke haben sich zudem mehrere, lockere Zwischenschichten gebildet und Ende Februar sowie Anfang März herrschen ideale Bedingungen für die Entstehung von Oberflächenreif. Schneefall und Wind bilden schlussendlich umfangreiche Triebschneepakete, die durchwegs sehr leicht zu stören sind. Setzungsgeräusche und Rissbildungen begleiten Wintersportler zudem auf Schritt und Tritt.

eingeschneiter Oberflächenreif

Aufstiegsroute

gm.8 erkennen

Ohne Vorwissen über die Bildung dieser Schwachschicht ist der eingeschneite Oberflächenreif nicht zu erkennen. Wichtige Vorinformationen über eine eingeschneite Oberflächenreifschicht erhält man entweder durch eigene Beobachtung vor dem Einschneien, durch selbständige Schneedeckenuntersuchungen bzw. durch das Studium des Lawinenreports. Einen zusätzlichen Anhaltspunkt liefert das vorangegangene Wettergeschehen: Während kühlen Schönwetterperioden bildet sich häufig Oberflächenreif.

gm.8 erkennen

Einen guten Anhaltspunkt im Gelände liefern in der Regel spontane Lawinenabgänge mit tendenziell eher geringeren Anrissmächtigkeiten. Charakteristisch dafür sind vor allem auch kleine Lawinen, z. B. innerhalb von Lawinenverbauungen oder an steilen Böschungen.

Lawinen. Wir befinden uns in einer der lawinenaktivsten Phasen des gesamten Winters. Zwischen dem 10. 3. und dem 12. 3. gehen fast im Stundentakt Meldungen über Lawinenabgänge ein, bei denen Personen verschüttet werden. Ebenso beobachtet man zahlreiche spontane Lawinen, nicht nur während der Schneefälle, sondern auch als Folge eines deutlichen Temperaturanstieges und zunehmenden Strahlungseinflusses.

Gelände. Die Lawine am Galtenberg wird an einer sehr steilen, kammnahen Stelle ausgelöst. Interessant erscheint, dass diese in Folge auch in nur gering geneigtem Gelände abgeht. Dies hat mit der ausgeprägten Oberflächenreifschicht zu tun, die keine Verbindung von Triebschnee zur darunter befindlichen Schneedecke zulässt. ▌

hintergrundwissen eingeschneiter oberflächenreif.

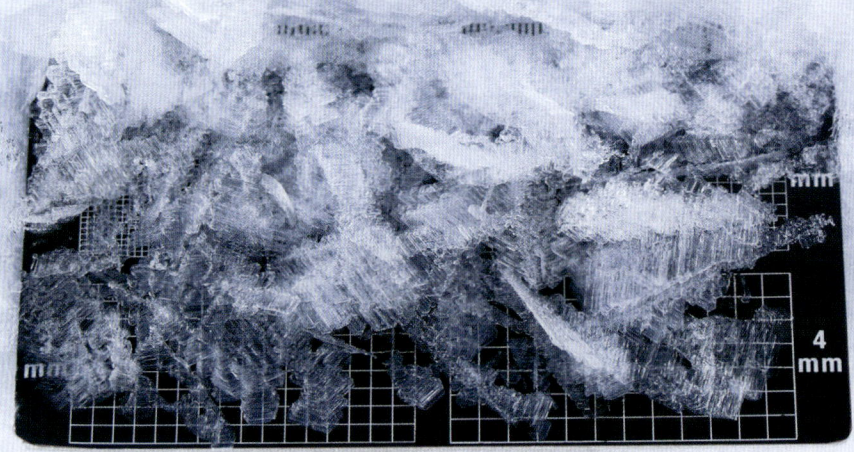

gm.8 definition

Unter eingeschneitem Oberflächenreif versteht man transparente, plättchenförmige Eiskristalle, die sich durch das Ausfällen von Feuchtigkeit aus der Luft an der kalten Schneeoberfläche bilden und nachfolgend von Schnee überdeckt werden. Die für die Bildung von Oberflächenreif notwendige Feuchtigkeit kann auch aus dem Inneren der Schneedecke aufsteigen.

**Wichtig für die Bildung von Oberflächenreif ist die Ausstrahlung der Schneedecke.
Die Schneedecke muss kälter als die Luft werden!**

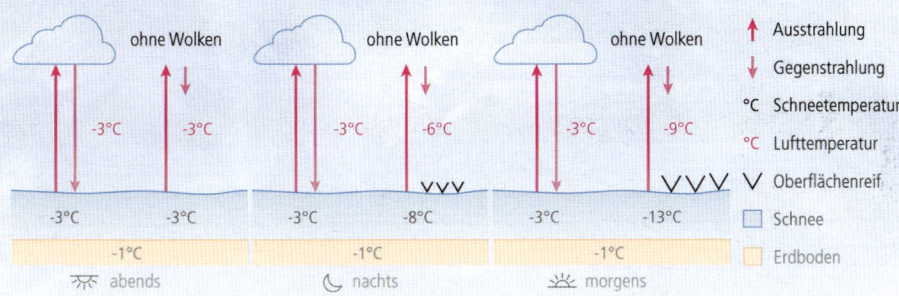

☐ Bildung

Reif fällt also nicht wie andere Niederschläge vom Himmel, sondern bildet sich auf den Oberflächen! Die feuchte und wärmere Luft lagert sich bei der Bildung von Oberflächenreif an der Schneeoberfläche ab (Deposition). Ist der Oberflächenreif groß (z. B. wenn er über mehrere Nächte mit ähnlichen Bedingungen weiter wachsen kann) und kommt anschließend darauf eine beachtliche Menge an Neuschnee zu liegen, wirkt der nun eingeschneite Oberflächenreif als optimale Gleitfläche.

Wenn sich, vor allem im Frühjahr oder Herbst, nach klaren, kalten Nächten, Tau auf Wiesen oder anderen unterkühlten Flächen bildet, spricht man von Kondensation. Liegt dabei der Taupunkt (= Temperatur, bis zu der man Luft abkühlen muss, damit Kondensation erfolgt) unter 0°C, bildet sich Raureif. Diesen Vorgang, bei dem ein direkter Übergang vom gasförmigen (Wasserdampf) in den festen Zustand (Reifkristalle) unter Auslassen des flüssigen Zustandes erfolgt, bezeichnet man in der Meteorologie als Deposition.

☐ Ausstrahlung

Wichtig für die Bildung von Oberflächenreif ist die Ausstrahlung der Schneedecke (sie muss kälter als die Luft werden). Unter Ausstrahlung versteht man das Aussenden von Wärmestrahlung von

An Bachböschungen lässt sich das gm.8 besonders häufig beobachten.

der Schneeoberfläche an die Atmosphäre. Bei klarem Himmel kühlt sich die Schneeoberfläche dabei deutlich (einige Grad bis rund 20 Grad) unter die Lufttemperatur ab. Nächte, die klar und daher auch sehr kalt sind, führen dazu, dass die Schneedecke oberflächlich stark auskühlt. Am frühen Morgen können dann an der Schneeoberfläche Temperaturen weit unter 0°C gemessen werden. Die Wahrscheinlichkeit für die Bildung von Oberflächenreif ist nur bei klarem Himmel hoch. Bei bedecktem Himmel dagegen ist die Ausstrahlung und damit die Wahrscheinlichkeit für Reifbildung gering.

☐ **Mikroklima an Bächen**

Denselben Effekt gibt es, wenn die Luft, z. B. in der Nähe von Bächen, feucht genug und die Schneeoberfläche kalt genug ist: dann bilden sich an der Oberfläche ebenso Eiskristalle durch Ablagerung von Feuchtigkeit aus der Luft, also auch Oberflächenreif.

Ein paar Stunden später wird der Oberflächenreif eingeschneit, und schon lösen sich entlang der ganzen Bachböschung die Lawinen. Wird Oberflächenreif von Neuschnee überlagert, entsteht, besonders unter Windeinfluss, schlagartig eine kritische Lawinensituation. Oberflächenreif bildet innerhalb der Schneedecke eine sehr schwache, lockere Schicht aus bindungslosen Kristallen. Lagern sich darauf nun gebundene Schneeschichten, kann diese Zusatzbelastung häufig nicht mehr getragen werden. Dann beobachtet man sogar bei geringen Neuschneemengen Selbstauslösungen von Schneebrettlawinen.

Relativ warme, feuchte Luft streicht schattseitig über eine kalte Schneeoberfläche.
Im Vordergrund erkennt man den gerade entstandenen Oberflächenreif.

☐ **Der Nigg-Effekt**

Der sogenannte Nigg-Effekt (benannt nach einem Schweizer Bergführer) stellt eine Sonderform der Oberflächenreif-Bildung dar. Dabei wird relativ warme, feuchte Luft an einen Grat oder Kamm herangeführt und überstreicht diesen. Falls nun an der Rückseite des Berges die Schneeoberfläche durch Abschattung oder Ausstrahlung deutlich kühler ist, so resublimiert die in der Luft enthaltene Feuchtigkeit zu Oberflächenreifkristallen. Dieser Effekt beschränkt sich zumeist nur auf den unmittelbaren Kammbereich, hundert Höhenmeter tiefer ist er meist nicht mehr zu finden.
Der Nigg-Effekt ist auch für den Experten nur sehr schwer einzuschätzen, vor allem, wenn der Oberflächenreif schon wieder leicht überschneit ist: Dann stellt er eine besonders heimtückische Gefahr dar. Hier hilft nur viel Erfahrung, genaue Gelände- und Wetterbeobachtung sowie im Zweifel ein gezieltes Schichtprofil der Schneedecke im steilen, kammnahen, eher schattigen Gelände, um diese sehr störanfällige Schwachschicht zu entdecken. Vermehrt beobachtet man den Nigg-Effekt im Frühwinter sowie im Frühjahr in größeren Höhen.

Eine solch heimtückische Situation wird einer vierköpfigen, einheimischen Skitourengruppe am 6. 4. 2007 bei der Abfahrt vom Südlichen Löcherferner zum Verhängnis. Dort überdeckt lockerer Pulverschnee im sehr steilen, kammnahen Gelände eine dünne Triebschneeschicht, die sich auf kleinräumig anzutreffendem Oberflächenreif abgelagert hat. ▋

gerade entstandener Oberflächenreif   Untergrenze Oberflächenreif

gm.8 sonderform erkennen

Der Nigg-Effekt ist auch für den Experten nur sehr schwer einzuschätzen, vor allem, wenn der Oberflächenreif schon wieder leicht überschneit ist: Dann stellt er eine besonders heimtückische Gefahr dar. Hier hilft nur viel Erfahrung, genaue Gelände- und Wetterbeobachtung sowie im Zweifel ein gezieltes Schichtprofil der Schneedecke im steilen, kammnahen, eher schattigen Gelände, um diese sehr störanfällige Schwachschicht zu entdecken. Vermehrt beobachtet man den Nigg-Effekt im Frühwinter sowie im Frühjahr in größeren Höhen.

lawine wannenkopf.

Lawine. Vier Skitourengeher beschließen am frühen Nachmittag auf der Ostseite des Wannenkopfes in den Allgäuer Alpen in Richtung Bolgental abzufahren. 200 m unterhalb des Gipfels müssen sie einen sehr steilen, nicht allzu langen Hang queren. Sie vereinbaren, diesen einzeln zu befahren. Die ersten zwei Personen erreichen problemlos einen sicheren Sammelpunkt auf der gegenüberliegenden Hangseite. Die anderen zwei Personen queren anschließend in kürzeren Abständen gemeinsam den Hang und lösen dabei ein kleines Schneebrett aus, von dem die beiden mitgerissen und total verschüttet werden. Innerhalb kurzer Zeit können die beiden Verschütteten geortet und aus einer Tiefe von 1 m ausgegraben werden. Während einer der Verschütteten nur leichte Verletzungen davonträgt, verstirbt der andere noch am selben Tag in der Klinik.

Kurzanalyse. Das Unfallbeispiel stammt von unseren Kollegen aus Bayern und wurde bewusst ausgewählt, weil Oberflächenreif dort häufiger zu beobachten ist als in Tirol. Dies hat mit dem vermehrten Auftreten von Hochnebelfeldern zu tun, welche die Oberflächenreifbildung insbesondere auch im Bereich der Nebelobergrenze fördert. Zudem hält sich Oberflächenreif in den dort zahlreichen lichten, schattigen Waldbereichen wegen des geringeren Windeinflusses sehr gut. Bei diesem Unfall spielt Nebel allerdings nicht die entscheidende Rolle. Vielmehr ist die Ursache in dem bis damals außergewöhnlich kalten Winter zu finden, der optimale Voraussetzungen zur Oberflächenreifbildung bildet. Ab dem 9. 3. fallen bei stürmischem Wind knapp 50 cm Schnee. Am 11. 3. steigt die Lufttemperatur markant an. Dadurch lösen sich im Nahbereich auch spontane Lawinen.

Verschüttungsstelle

Wo Wannenkopf / Allgäuer Alpen – Bayern / 1710 m / O-Hang / 37°
Wer 4 beteiligte Personen / 1 getötete Person
Wann 11. 3. 2005, 14:00 Uhr
Lawine Schneebrettlawine (trocken) / L 80 m / B 30 m / Anriss 0,3 m / Verschüttung 1 m
Regional gültige Gefahrenstufe 4 (groß)
Lawinenproblem Neuschnee

lawine wiesejaggl.

Lawine. Ein Snowboardführer beschließt, gemeinsam mit drei Kollegen die extrem steile Gipfelflanke des Wiesejaggls abzufahren. Sie gelangen vom Skigebiet über einen kurzen Steilaufschwung zum Einfahrtsbereich. Der Brite fährt als Erster in den extrem steilen Hang ein und löst nach wenigen Schwüngen eine anfangs kleine Schneebrettlawine aus, die in Folge auch tiefere Schichten mitreißt, dadurch groß wird und sich am Hangfuß in zwei Lawinenarme teilt. Dort wird er verschüttet. Seine Kollegen alarmieren die Bergrettung und fahren anschließend über die Gipfelflanke zum geteilten Lawinenkegel. Dort suchen sie anfangs am falschen Lawinenarm, können dann jedoch bald die Person orten und schlussendlich unter Mithilfe des Rettungsteams ausgraben. Die sofort eingeleiteten Reanimationsmaßnahmen bleiben erfolglos.

Kurzanalyse. Ab Ende April herrscht wechselhaftes Wetter mit einem Mix aus Schneefall, Wolken und Sonnenschein bei sich ändernder Windrichtung und nur schwachem bis mäßigem Windeinfluss. Die Temperatur entspricht der Jahreszeit. Warme, feuchte Luftmassen streichen Ende April während einer Südströmung über den Kamm des Wiesejaggls und hinterlassen vom Grat bis ca. 25 m unterhalb ein dünnes Band aus Oberflächenreif. Vor Ort erkennt man nach dem Unfall auch, dass diese eingeschneite Oberflächenreifschicht unmittelbar unterhalb des Grates ca. 2 cm dick ist und hangabwärts kontinuierlich abnimmt. Der eingeschneite Oberflächenreif bleibt bis zum Unfallzeitpunkt sehr störanfällig. Diese Schwachschicht wäre nur dann zu erkennen gewesen, wenn man am Seil gesichert in die Schneedecke gegraben hätte. ▮

Nigg-Effekt

Auslösebereich   Nigg-Effekt

Wo Wiesejaggl / Südliche Ötztaler Alpen / 3120 m / N-Hang / 45°
Wer 4 beteiligte Personen / 1 getötete Person
Wann 5. 5. 2009, 14:45 Uhr
Lawine Schneebrettlawine (trocken) / L 350 m / B 250 m / Anriss 0,2–1,5 m / Verschüttung 1,5 m
Regional gültige Gefahrenstufe 2 (mäßig)
Schlagzeile LLB Verbreitet mäßige Lawinengefahr – hochalpin auf kleinräumige Triebschneepakete achten
Lawinenproblem Neuschnee / Altschnee

gefahrenmuster.9
eingeschneiter graupel

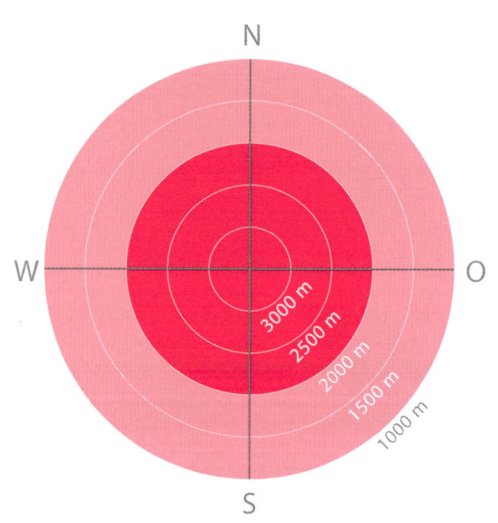

| | | Jan | Feb | März | April | Mai |

Schwachschichten innerhalb der Schneedecke werden bei Lawinenkursen häufig mit Kugellagern verglichen. Wirklich passend ist dieses Bild nur für den Graupel: eine kugelförmige Niederschlagsform, die sich bevorzugt im Frühjahr bei gewitterartigen Schauern ablagert. Leicht vorzustellen, dass Triebschnee, der sich darüber ansammelt, meist nur schlecht mit dieser Schwachschicht verbunden ist und damit die Gefahr von Lawinenabgängen steigt. Graupel ist häufig kleinräumig verteilt und lässt sich ohne Blick in die Schneedecke selbst von Experten meist nur schwer erkennen. Eine durchwegs heimtückische Angelegenheit, die zum Glück nur kurzfristig zu Problemen führt.

lawine granatenkogel.

Ein glimpflich ausgegangener Lawinenabgang unterhalb des Granatenkogels in den Südlichen Ötztaler Alpen ist in mehrerlei Hinsicht eindrucksvoll: Eindrucksvoll ist das Ausmaß der Lawine sowie die Schilderung der Augenzeugen, dass der Berg während des Abgangs regelrecht gebebt hat. Ebenso eindrucksvoll ist die Ähnlichkeit mit einem besonders tragischen Unfall am nahe gelegenen Schalfkogel am 2. 5. 2009, also fast genau fünf Jahre früher.

☐ **Lawinenabgang**

Eine Gruppe von sechs hochqualifizierten Skitourengehern steigt an einem warmen Frühlingstag von Obergurgl über das Ferwalltal auf den 3318 m hohen Granatenkogel. Alle erreichen den Gipfel. Während des Abstiegs über den Grat löst sich unmittelbar unterhalb ihrer Spur eine Schneebrettlawine, die gewaltiges Ausmaß annimmt. Die Gruppe kommt mit dem Schrecken davon und ist um die Erfahrung eines faszinierenden und zugleich beängstigenden Naturschauspiels reicher. In der Auslaufbahn der Lawine befinden sich glücklicherweise keine Personen, sodass die Lawine ohne Folgen bleibt.

☐ **Analyse**

Wetter und Schneedecke. Es ist das Ende des zweitwärmsten Winters seit Messbeginn – ein Winter, der uns zweigeteilt in Erinnerung bleibt: Im Norden gibt es viel zu wenig, im Süden viel zu viel Schnee.

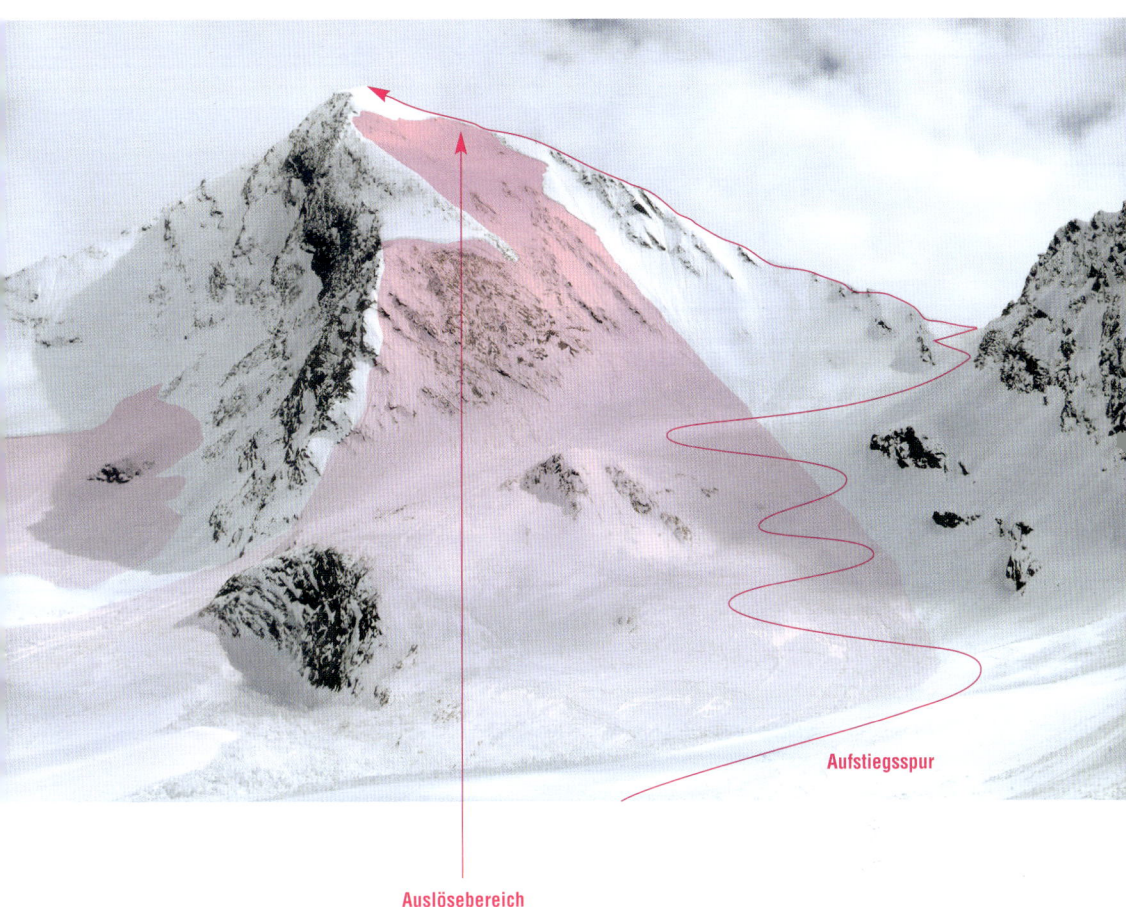

Aufstiegsspur

Auslösebereich

Wo Granatenkogel / Südliche Ötztaler Alpen / 3300 m / N-Hang / 45°
Wer 6 beteiligte Personen
Wann 1. 5. 2014, 10:15 Uhr
Lawine Schneebrettlawine (feucht) / L 700 m / B 300 m / Anriss 0,2–2 m
Lawinenproblem Neuschnee

gm.9 erkennen

Eingeschneiter Graupel gehört – ohne in die Schneedecke zu graben – zu den am schwierigsten erkennbaren, lawinenrelevanten Faktoren. Meteorologisches Grundwissen und exakte Wetterbeobachtung können einen Hinweis auf eine drohende Gefahrenverschärfung liefern. Graupel lagert sich bei gewitterartigen Niederschlägen ab.

Der April verläuft – seinem Ruf gerecht werdend – wechselhaft. Dies trifft auch für die Tage vor dem Unfall zu, als wolkenreiche, feuchte und der Jahreszeit entsprechend warme Luft Tirol erreicht. Immer wieder kommt die Sonne zum Vorschein, was die diffuse Strahlung erhöht. Die recht stabile Altschneedecke wird dadurch auch in größeren Höhen von Tag zu Tag feuchter und störanfälliger. Dies hängt damit zusammen, dass in die Schneedecke eindringendes Wasser erstmals während des Winters nun auch in größeren Höhen eine vom Frühwinter vorhandenen bodennahe kantige Schicht erreicht und dadurch wieder zu schwächen beginnt. Entscheidend sind jedoch intensive Graupelschauer Ende April. Dadurch lagert sich eine relativ dicke Graupelschicht innerhalb des Neuschneepakets ab und bildet eine nicht zu unterschätzende Schwachschicht.

Es erscheint somit wahrscheinlich, dass primär ein Schneebrett auf dieser Graupelschicht ausgelöst wird und erst sekundär durch die Zusatzbelastung des Schneebretts ein Bruch in der bodennahen, sehr flächig vorhandenen Schwachschicht erfolgt. Man kann davon ausgehen, dass die Graupelschicht vermutlich bereits während der nächsten Tage nicht mehr hätte gestört werden können. Dies hat mit der raschen Setzung der Neuschneeschicht durch warme Temperaturen, Strahlungseinfluss und der dadurch bedingten Verbindung mit der Graupelschicht zu tun.

Lawinen. Drei Tage vor diesem Lawinenabgang werden nach einer längeren Pause wieder spontane Lawinen in Tirol beobachtet. Meist handelt es sich um unmittelbar nach den Schneefällen abgehende

gm.9 erkennen

Speziell im Frühjahr treten zum Teil lokal stark wechselnde Neuschneehöhen auf, welche ein klares Indiz für eine (Graupel-)Schauerzelle darstellen. Sind diese Graupelschichten stärker ausgeprägt, kann man vereinzelt auch spontane Lawinen beobachten.

nasse Lockerschneelawinen aus extrem steilem Gelände. Allerdings lösen sich spontan zunehmend mittelgroße, vereinzelt auch große Schneebrettlawinen, v. a. im Sektor W über N bis O oberhalb ca. 2500 m. Nicht selten dient eine Lockerschneelawine als entscheidender Impuls für die Auslösung solcher Schneebrettlawinen. Unterhalb etwa 2500 m ist die Lawinensaison hingegen meist vorbei. Oftmaliger Wassereintrag bis zum Boden führte dort bereits zur Bildung einer trägen Schneedecke bzw. ist diese bereits weggeschmolzen.

Wie schon erwähnt, erinnert die Situation an Anfang Mai 2009. Bei nahezu identen Bedingungen, sowohl hinsichtlich des Wetters als auch des Schneedeckenaufbaus, verlieren sechs Bergsteiger am nahen Schalfkogel ihr Leben.

Gelände. Die Flanke des Granatenkogels bietet ideales, meist extrem steiles Lawinengelände, wobei die Lawine am konvexen, steiler werdenden Übergang vom Grat zum Hang ausgelöst wird. Die Schatten- und Höhenlage sind aufgrund des Schneedeckenaufbaus Voraussetzung für die Ausbildung einer derart großen Lawine. ∎

Anfang Mai beobachtet man im ganzen Land spontane, große Schneebrettlawinen.

hintergrundwissen
eingeschneiter graupel.

gm.9 definition

Eingeschneiter Graupel entsteht, wenn Schneekristalle während des Fallens durch unterkühlte Wassertröpfchen zu kleinen Kügelchen gefrieren und diese Schicht anschließend von Schnee überdeckt wird. Im Unterschied zu Hagel, der im Wesentlichen aus Eis besteht und daher glasig ist, sind bei Graupel noch Lufteinschlüsse vorhanden. Graupelkörner sind daher im Vergleich zu Hagelkörnern weniger dicht, weicher und milchig oder weiß.

Kleine Graupelkügelchen wachsen durch heftige Vertikalbewegungen in Schauerzellen so lange, bis sie aufgrund des zunehmenden Gewichtes endgültig zu Boden fallen.

☐ **Erscheinungsformen**

In Bezug auf seine Entstehung kann man drei verschiedene Arten von Graupel unterscheiden:

▌ Die wichtigste Form stellt Frostgraupel dar. Er ist eine typische Erscheinungsform bei Schauer- oder Gewitterwolken und Temperaturen unter −4°C. Treffen dabei unterkühlte Wassertröpfchen auf Schnee- oder Eiskristalle, so lagern sie sich an diesen an und bilden runde Kügelchen. Durch die häufigen, kräftigen Auf- und Abwinde in Schauerzellen können die Graupel auch wieder in die Höhe gerissen werden und dadurch weiter wachsen (bis etwa 5 mm Größe).

▌ Reifgraupel fallen selten isoliert, sondern meist gemeinsam mit Schneekristallen vom Himmel. Sie entstehen durch Antauen und erneutes Gefrieren von Schneekristallen in hohen Wolken. Im Gegensatz zu den Frostgraupeln fehlen hier die kräftigen Auf- und Abwinde.

▌ Griesel oder Schneegriesel ist die kleinste Erscheinungsform von Graupel. Der Durchmesser der Körner liegt etwa bei 1 mm oder darunter. Griesel bildet sich bei Temperaturen unter 0°C in Schichtwolken wie z. B. Stratus, und daher nicht bei Schauern. Die Körner sind undurchsichtige Zusammenballungen von Schneekristallen.

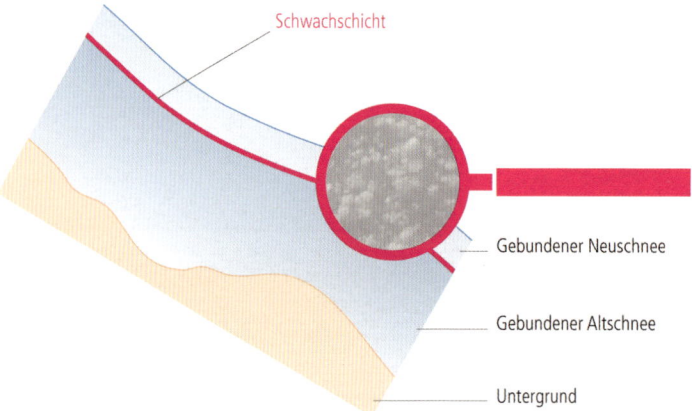

☐ **Lawinenbedeutung**

Ganz egal durch welchen meteorologischen Prozess sich Graupel bildet: die dadurch entstehenden runden Körner stellen, wenn sie überschneit oder von windverfrachtetem Schnee überdeckt werden, eine ideale Gleitschicht für Lawinen, vergleichbar einem Kugellager, dar.
In Bezug auf die Lawinentätigkeit handelt es sich meist um ein kleinräumiges Phänomen. Vermehrt wird Graupel nämlich in Mulden und Hangvertiefungen abgelagert: Große zusammenhängende Gleitflächen stellen deshalb eher die Ausnahme dar. Ähnlich wie Oberflächenreif ist Graupel interessant in Bezug auf die Entstehung: Beide sind schön anzusehen, aber schwirig zu erkennen, sobald sie von Schnee überdeckt sind. Oberflächenreif stellt vergleichsweise jedoch die deutlich kritischere Gleitfläche dar. Mögliche Erkenntnisse über das Vorhandensein von eingeschneitem Graupel liefert im Zweifel nur eine Schneedeckenuntersuchung, wobei diese aber nur eine Punktmessung darstellt. 10 m weiter links oder 10 m weiter oben können die Verhältnisse schon anders sein.

Der Entstehungszeitpunkt von Graupel liegt neben hochwinterlichen Kaltfronten typischerweise im Frühjahr, einer Zeit also, in der intensive Strahlung und höhere Temperaturen rasch zu einer Setzung und somit zu einer Stabilisierung der oberflächennahen Schneeschichten führen. Somit tritt das Gefahrenmuster eingeschneiter Graupel bei entsprechend frühlingshafter Witterung meist nur wenige Tage nach Neuschneefällen auf. ▌

Bis zu 2 mm große Graupelkörner auf einem Schneeraster.

lawine schalfkogel.

Das Lawinenunglück unterhalb des Schalfkogels in den Ötztaler Alpen rief besonderes Medieninteresse hervor. Dies kommt nicht von ungefähr, handelt es sich doch um das seit zehn Jahren schwerste Lawinenunglück im freien Skiraum in Tirol.

☐ **Unfallhergang**

Am 1. 5. steigt eine siebenköpfige Tourengruppe, bestehend aus sechs tschechischen und einem slowakischen Teilnehmer, bei sehr gutem Wetter von Obergurgl zum damals unbewirtschafteten Hochwildehaus auf. Die Gruppe übernachtet im Winterraum. Am 2. 5. verzögert anfangs Schlechtwetter den Start zu einer Tour. Als sich das Wetter gegen Mittag etwas bessert, beschließen sechs Personen den gegenüberliegenden Schalfkogel zu besteigen. Der Siebte im Bunde bleibt zurück, weil er sich vom Vortag noch erholen will.
Am Weg zum Gipfel kommen sie aufgrund einer neuerlichen Wetterverschlechterung von der Normalroute ab und kehren auf einer Seehöhe von 3250 m um. Bei der Abfahrt lösen sie eine Schneebrettlawine aus, die alle Personen komplett verschüttet. Zufällig bemerkt der Hüttenwirt der Langtalereckhütte den Lawinenanriss und schlägt Alarm. Eine Suche wird jedoch wegen des schlechten Wetters vorerst vereitelt. Am folgenden Tag, als die Suche in den frühen Morgenstunden bei prachtvollem Wetter aufgenommen wird, steht bald fest, dass keiner der zwischen 20 und 33 Jahre alten Tourengeher das Unglück überlebt hat.

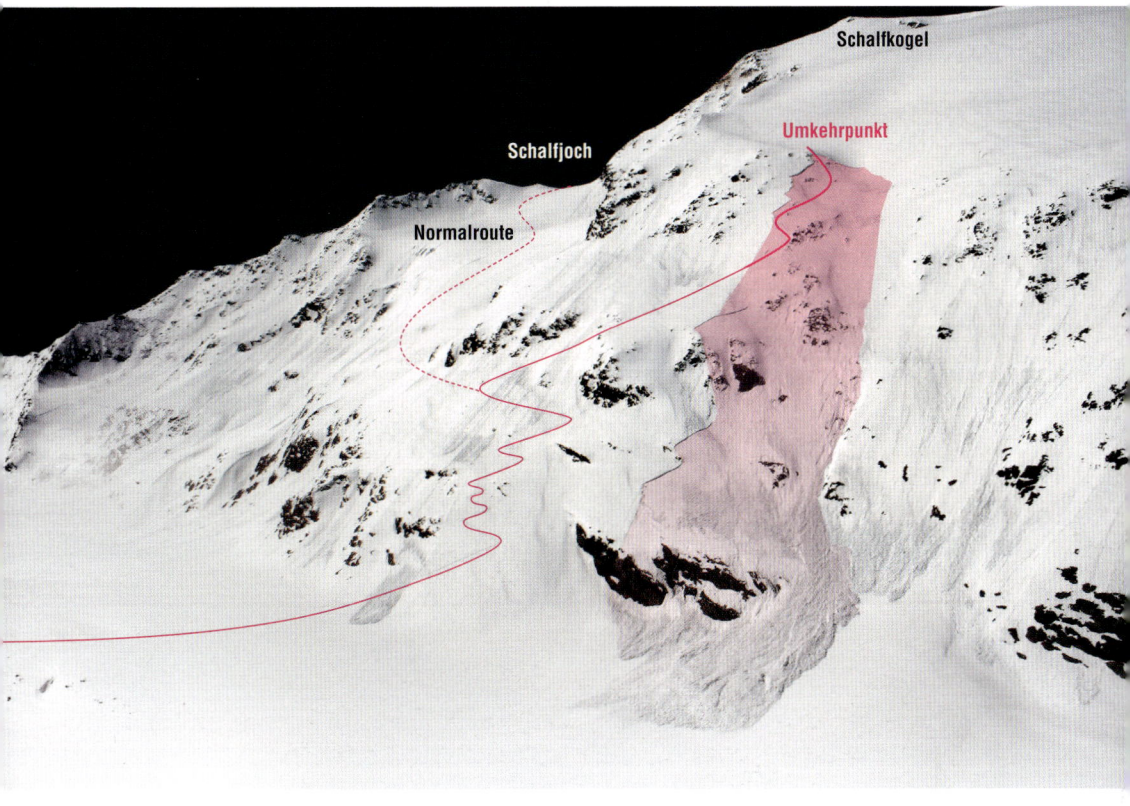

Wo Schalfkogel / Südliche Ötztaler Alpen / 3180 m / ONO-Hang / 40°
Wer 6 beteiligte Personen / 6 getötete Personen
Wann 2. 5. 2009, 16:00 Uhr
Lawine Schneebrettlawine (trocken) / L 500 m / B 170 m / Anriss 0,4–1 m / Verschüttung 1–2,2 m / 1 Tag
Regional gültige Gefahrenstufe 3 (erheblich)
Schlagzeile LLB Regen und Neuschnee sorgen für leichten Anstieg der Lawinengefahr.
Lawinenproblem Neuschnee

Im Winterraum des Hochwildehauses (Fidelitashütte) übernachtete die Skitourengruppe.

☐ **Kurzanalyse**

Ab dem 27. 4. herrscht wechselhaftes, teils stürmisches Aprilwetter. Dabei schneit es im Unfallgebiet in der Nacht vom 28. 4. auf den 29. 4. bis zu 50 cm auf eine harte Altschneeoberfläche, die sich zuvor während zwei vorangegangenen Strahlungsnächten gebildet hat. Innerhalb dieses Neuschneepakets lagert sich eine besonders ausgeprägte, flächig verteilte und offensichtlich störanfällige Graupelschicht ab, die für einige frische, spontane Lawinen im hinteren Talkessel verantwortlich ist.

Diese Lawinen sind ein eindeutiges, am 1. 5. am Weg zum Hochwildehaus gut sichtbares Indiz für eine ausgeprägte Schwachschicht, die auch die Tourenwahl für die Tour am 2. 5. hätte unbedingt beeinflussen müssen. Das Tourenziel ist viel zu steil, schlechte Sicht erschwert zusätzlich massiv die Gefahreneinschätzung. ∎

Ein Blick aus dem Hubschrauber zeigt eindrucksvoll die extrem steile Sturzbahn der 500 m langen Lawine sowie die Verschüttungsstellen der sechs Opfer.

gefahrenmuster.10
frühjahrssituation

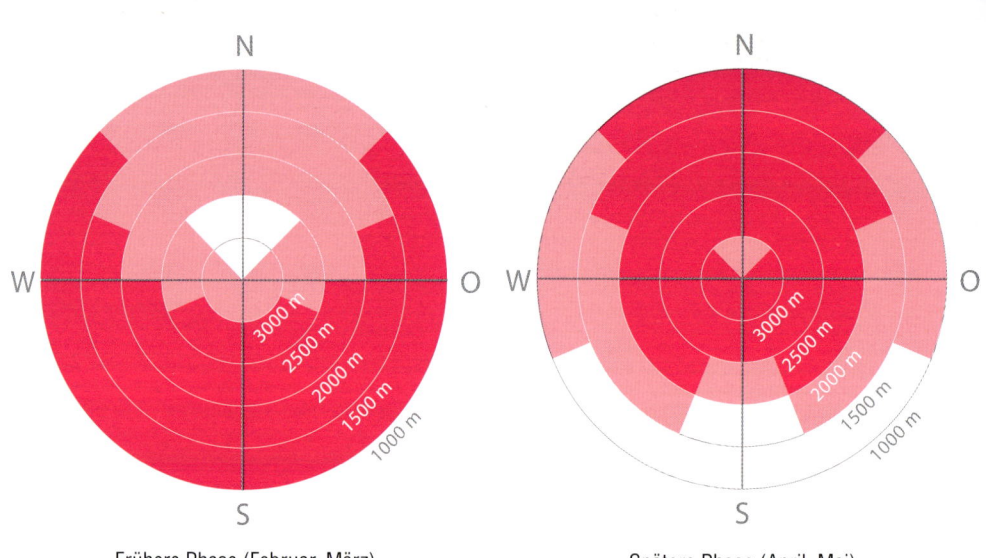

Frühere Phase (Februar, März) Spätere Phase (April, Mai)

| Feb | März | April | Mai |

Eine besondere Herausforderung für den Wintersportler, aber auch für Lawinenprognostiker sowie Lawinenkommissionsmitglieder stellt das Frühjahr dar. Selten liegen „sicher" und „gefährlich" zeitlich so eng beieinander und somit ist auch die Bandbreite der während eines Tages ausgegebenen Gefahrenstufen so weit gefächert. Einerseits ist die Lawinengefahr kaum einmal leichter einzuschätzen als bei stabilen Firnverhältnissen, andererseits werden aber auch kaum jemals während eines Winters so große Lawinenabgänge verzeichnet wie während kritischer Frühjahrssituationen.

Dabei spielt neben dem Schneedeckenaufbau das zum Teil komplexe Wechselspiel aus Lufttemperatur, Luftfeuchte, Strahlungseinfluss und Wind eine entscheidende Rolle. Für den Wintersportler sind zeitliche Disziplin sowie Flexibilität bei der Tourenplanung gefragter denn je.

lawine gargglerin.

Jedes Frühjahr beobachtet man regelmäßig kurze, besonders lawinenaktive Zeiten. Entscheidend ist dabei ein intensiver Wärmeeintrag in die Schneedecke. Zwei solche Tage betrifft das Wochenende vom 11. 4. auf den 12. 4., als nicht nur spontane Lawinen beobachtet werden, sondern auch einige Lawinenunfälle passieren. Einer davon verläuft tödlich und ruft außergewöhnliches Medieninteresse hervor. Dies deshalb, weil eine der beteiligten Personen eine zehnstündige Verschüttungszeit nahezu unverletzt mit Unterkühlungen überlebt.

☐ **Unfallhergang**

Zwei Skitourengeher befinden sich bei der Abfahrt im Sandestal, einem kleinen Seitental des Gschnitztales, und sind gerade dabei, entlang einer im Sommer genutzten Zufahrtsstraße unterhalb steiler Hänge zu queren. Dabei werden sie von einer spontanen Lawine erfasst, mitgerissen und total verschüttet. Der Lawinenunfall bleibt vorerst unbemerkt. Erst aufgrund einer Vermisstenmeldung, die am Unfalltag um 18:35 Uhr bei der Leitstelle einlangt, kann die Alpinpolizei mit Unterstützung ihres Hubschraubers die Suche starten.
Eine Handypeilung hilft, den ungefähren Aufenthaltsort der Personen zu eruieren. Nach einer anfänglich erfolglosen Absuche mehrerer Lawinenkegel sowie der Kontrolle diverser Gipfelbücher kann kurz vor Einbruch der Dunkelheit ein Lawinenkegel im Sandestal unterhalb der Gargglerin ausfindig gemacht werden. Dort ortet der Flight Operator Signale von LVS-Geräten.

Verschüttungsstellen   Sommerweg

Wo Gargglerin / Südliche Stubaier Alpen / 2300 m / O-Hang / 40°
Wer 2 beteiligte Personen / 1 verletzte, 1 getötete Person
Wann 12. 4. 2015, ca. 12:00 Uhr
Lawine Locker- und Schneebrettlawine (nass) / L 1000 m / B 170 m / Anriss 0,3–2,5 m / Verschüttung 1,3 m / 10 Stunden
Regional gültige Gefahrenstufe 3 (erheblich)
Schlagzeile LLB Unterhalb zumindest 2700 m kritische Lawinensituation mit Gefahr von Nassschneelawinen!
Lawinenproblem Nassschnee / Altschnee

Die Abfahrtsroute entlang des Weges samt den zwei Verschüttungsstellen

Rasch gelingt es, beide Personen auszugraben. Nach zehnstündiger Verschüttungszeit ist eine der Personen bereits verstorben, eine weitere Person wie durch ein Wunder noch ansprechbar, allerdings unterkühlt. Beide Personen befinden sich nebeneinander liegend jeweils 1,3 m unter den Schneemassen. Die lange Überlebenszeit eines der beiden Verschütteten lässt sich damit erklären, dass seine Atemwege frei waren und zwischen Lawinenknollen genügend Luftzufuhr von außen gegeben war.

☐ **Analyse**

Wetter und Schneedecke. Während vorangegangener Schönwettertage zeichnet sich für das Wochenende am 11. 4. und 12. 4. ein klassisches „Treibhauswetter" an. Die Luft wird deutlich feuchter, die Lufttemperatur ist hoch und die (diffuse) Strahlung intensiv. Schon am 11. 4. wird deshalb die Schneedecke bis in hohe Lagen zumindest oberflächig feucht, darunter verbreitet nass. Die Nacht vom 11. 4. auf den 12. 4. ist bewölkt und behindert dadurch die Verfestigung der Schneedecke. Man muss deshalb bereits ab den Morgenstunden vielerorts mit einer durchwegs störanfälligen Schneedecke rechnen. Als problematisch ist dabei einerseits die zunehmend bindungslose, nasse Schneeoberfläche anzusehen, andererseits eine bodennahe Schwachschicht vom Frühwinter, die durch den Wassereintrag wieder störanfälliger wird. Im Tagesverlauf bessert sich das Wetter. Es setzt sich sonniges, warmes Bergwetter mit guter Sicht und intensiver Sonneneinstrahlung durch. Dies bedeutet weiteren Energieeintrag, welcher der Schneedecke nicht gut bekommt.

Verschüttungsstellen

gm.10 erkennen

Das sehr komplexe Zusammenspiel von Lufttemperatur, Feuchte und Strahlung (fallweise auch Wind) führt dazu, dass sich die Lawinensituation im Frühjahr innerhalb von kürzester Zeit – es geht meist um ein, zwei Stunden – markant zuspitzen kann. Entscheidend dabei ist immer die durch diese Parameter bestimmte zunehmende Durchfeuchtung bzw. Durchnässung der Schneedecke, welche einen raschen Stabilitätsverlust zur Folge hat. Durch die Analyse von Wetterstationsgrafiken sowie Wetter- und Schneedeckenbeobachtung im Gelände lässt sich dieses Gefahrenmuster meist recht gut erkennen.

Lawinen. Lawinen sind am Unfalltag bereits vorprogrammiert. Im Lawinenreport heißt es: „Heute herrschen überwiegend ungünstige Tourenbedingungen. Die Lawinengefahr ist bereits ab den Morgenstunden unterhalb etwa 2500 m verbreitet erheblich, darüber mäßig und steigt mit der zu erwartenden Sonneneinstrahlung ab etwa den Mittagsstunden bis etwa 2800 m hinauf auf erheblich an. Das Hauptproblem besteht im zunehmenden Wassereintrag in die Schneedecke und dem dadurch bedingten massiven Festigkeitsverlust. Spontane Schneebrettlawinen sind dabei v. a. im besonnten, sehr steilen Gelände unterhalb etwa 2700 m zu erwarten … Zu beachten ist auch, dass durch den Impuls von nassen Lockerschneelawinen in Folge die nasse Schneedecke mitgerissen werden kann und Lawinen dadurch durchaus groß werden können. Dies ist nicht nur für Hüttenzustiege, sondern auch für exponierte Verkehrswege zu beachten. Einzig oberhalb etwa 2800 m herrschen heute günstigere Verhältnisse."

Bei der Unfalllawine handelt es sich um eine große, spontane, nasse Schneebrettlawine. Es erscheint wahrscheinlich (ist aber nicht unbedingt als Erklärung notwendig), dass ein Impuls einer nassen Lockerschneelawine aus dem felsigen Gipfelbereich der Gargglerin zum Bruch des Schneebrettes in einer bodennahen Schwachschicht geführt hat.

Gelände. Die Lawine bricht in einem extrem steilen O-exponierten Hang in einer Seehöhe von etwa 2300 m um die Mittagszeit. Dies entspricht einem Gelände mit nahezu maximalem Energieeintrag.

Am Lawinenanriss im extrem steilen Gelände. Die Schneedecke ist komplett durchfeuchtet.

hintergrundwissen
frühjahrssituation.

gm.10 definition

Unter einer „typischen" Frühjahrssituation versteht man im Allgemeinen die Zeit, wenn sich der Winter langsam zurückzieht und steigende Temperaturen und zunehmende Sonneneinstrahlung für sehr spezielle Verhältnisse in den Tourengebieten sorgen.

☐ Erscheinungsformen

Die Frühjahrssituation hat zumindest zwei Gesichter, die voneinander getrennt betrachtet werden müssen. Das erste Gesicht der Frühjahrssituation zeigt sich mit zunehmender Strahlungsintensität meist ab Mitte Februar. Der dadurch bedingte Wärmeeintrag führt zu erhöhten Kriechbewegungen in der Schneedecke und damit zu einer erhöhten Auslösewahrscheinlichkeit durch Wintersportler. Spontane Lawinenabgänge bilden jedoch noch die Ausnahme. Primär betroffen sind jene Geländepartien, die den Winter über einen besonders schlechten Schneedeckenaufbau hatten. Typischerweise handelt es sich um sehr steiles Gelände im Nordsektor unterhalb von 2200 m in den inneralpinen, also schneeärmeren Regionen. In sehr schneereichen Wintern, wenn eine ausgeprägte Schwachschicht von viel Schnee überlagert ist, verzögert sich diese Situation entsprechend. Im weiteren Verlauf verlagern sich Problemzonen dann auch in höhere Lagen.

Das zweite Gesicht der Frühjahrssituation zeigt sich regelmäßig in einer sehr lawinenaktiven Zeit meist ab Mitte März. Dabei geht während weniger Tage nicht selten ein Großteil der spontanen Lawinen einer Wintersaison in Form von Nassschneelawinen ab. Solche Situationen lassen sich inzwischen mit Hilfe von Wetterstationsgrafiken recht gut erkennen. Entscheidend ist die hohe Lufttemperatur, die zunehmende Luftfeuchte bei allgemein hoher Strahlungsintensität und geringem Windeinfluss, wobei sich die Schneeoberflächentemperatur der Nullgradgrenze nähert und diese

Häufig der Startschuss der spontanen Lawinenaktivität: Schneeoberflächentemperatur erreicht 0°C.

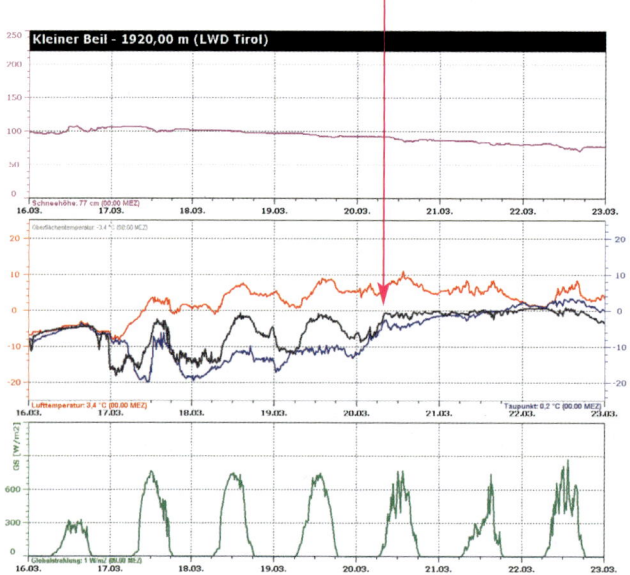

erreicht. Spätestens ab diesem Zeitpunkt muss man nicht mehr lange auf spontane Lawinenabgänge warten. Ist die Schneedecke locker aufgebaut, werden es nasse Lockerschneelawinen sein. Ist die Schneedecke gebunden und findet sich zumindest eine eingelagerte Schwachschicht, so werden es mitunter auch große, nasse Schneebrettlawinen sein.

Bestimmt wird das Frühjahr (neben oft sehr ergiebigen Schneefällen) vor allem von vier meteorologischen Parametern und ihrem Zusammenwirken: Temperatur, Feuchte, Strahlung und fallweise Wind.

☐ **Temperatur**

Die Messung der Lufttemperatur ist meteorologisch genau definiert: Man versteht darunter jene Temperatur, die im Schatten (früher meist in einer Wetterhütte) 2 m über dem Boden gemessen wird. Bei modernen automatischen Wetterstationen wird keine Wetterhütte mehr verwendet, da diese im Hochgebirge eine zu große Angriffsfläche für die oft stürmischen Höhenwinde bietet. Auch ohne Wetterhütte wird aber durch einen Strahlungsschutz und eventuell eine Belüftung gewährleistet, dass man die Temperatur „im Schatten" misst.

Die Lufttemperatur nimmt üblicherweise mit der Seehöhe ab. Bei trockener Luft beträgt diese Abnahme etwa 1°C/100 m, bei feuchter Luft nur noch 0,65°C/100 m (feuchtadiabatischer Temperaturgradient). Ausnahmen bilden Inversionswetterlagen, vor allem im Winter.

Automatische Wetterstationen liefern wichtige Daten zur Beurteilung der Lawinengefahr.

☐ Feuchte

Hier ist zwischen absoluter und relativer Feuchte zu unterscheiden. Die absolute Feuchte gibt an, wie viel Gramm Wasserdampf in einem Kubikmeter Luft enthalten ist. Dieser Wert ist temperaturabhängig: Je wärmer die Luft, desto mehr Feuchtigkeit kann sie aufnehmen. So kann etwa 1 m³ Luft bei 0°C maximal 4,8 g Wasserdampf enthalten, bei 30°C aber schon 30,3 g! Diesen Wert bezeichnet man als maximal mögliche Feuchte. Gebräuchlicher als die absolute Feuchte ist die Angabe der relativen Feuchte: Diese gibt in Prozenten an, wie viel von der maximal möglichen Wasserdampfmenge tatsächlich in der Luft vorhanden ist, also:

$$\text{Relative Feuchte} = \frac{\text{absolute Feuchte}}{\text{max. mögliche Feuchte}} \cdot 100 \ (\text{in \%})$$

☐ Taupunkt

Der Taupunkt ist jene Temperatur, auf die man Luft abkühlen muss, damit Sättigung – also 100 % relative Luftfeuchte – eintritt. Bei gesättigter Luft ist also der Taupunkt ident mit der Lufttemperatur. Je trockener die Luft aber ist, desto weiter liegt der Taupunkt unterhalb der Lufttemperatur. Wird der Taupunkt erreicht bzw. unterschritten, so setzt Kondensation ein (Wolkenbildung).

☐ Strahlung

Man unterscheidet zwischen der Sonnenstrahlung (kurzwellige Strahlung), durch die die Erde Energie gewinnt, und der terrestrischen Strahlung (langwellige Strahlung = Wärmestrahlung, siehe gm.8), die zu einem Energieverlust führt. Die Differenz dieser zwei verschiedenen Strahlungsströme wird in der Meteorologie als „Strahlungsbilanz" bezeichnet.

Diese Strahlungsbilanz (und nicht nur die einfallende Sonnenstrahlung!) ist für die Erwärmung der Erdoberfläche und damit auch für die Temperatur der untersten Luftschicht entscheidend. Ist die Strahlungsbilanz positiv, nimmt die Erdoberfläche Energie auf und erwärmt sich. Im umgekehrten Fall gibt die Erdoberfläche Energie ab und kühlt sich ab.

Im allgemeinen Sprachgebrauch werden Lufttemperatur und Sonnenstrahlung häufig in einen Topf geworfen, dabei muss man beide Phänomene strikt trennen. So kann es auch bei starker Sonneneinstrahlung bitterkalt sein: Auf über 3000 m sind auch im Mai bei strahlendem Sonnenschein Temperaturen unter 0°C keine Seltenheit. Wer aber da aufs Eincremen vergisst, wird unliebsame Bekanntschaft mit der Strahlung machen und sich einen tüchtigen Sonnenbrand holen.

Lawinenabgänge als Folge der Strahlungsverhältnisse im Frühjahr samt Strahlungsbilanz einer ebenen Schneedecke in Tirol im Februar um die Mittagszeit.

☐ **Strahlungsintensität**

Die von der Sonne auf die Erde gelangende Strahlung wird auf ihrem Weg durch die Atmosphäre durch die Gase der Luft, durch Wasserdampf und Wolken sowie Staub vermindert. Der Anteil der auf die Erde bzw. eine Schneedecke einfallenden Strahlung hängt weiters von der Höhenlage, der Hangneigung und natürlich von Jahres- und Tageszeit ab.

Während z. B. im Hochwinter weniger als 300 W/m² an kurzwelliger Sonneneinstrahlung gemessen werden, kann dieser Wert im Frühjahr gegen 1000 W/m² ansteigen! Noch ein Zahlenbeispiel: Im Hochwinter erhält ein 30° geneigter Südhang fast zweieinhalb Mal so viel Strahlung wie eine ebene Fläche! Wichtig für den Energieeintrag der Sonnenstrahlung ist auch das Maß an Reflexion, die sogenannte „Albedo": Während frischer, trockener Neuschnee etwa 90 %–95 % der einfallenden Sonnenstrahlung reflektiert, sinkt dieser Wert für nassen Altschnee auf 50 %–80 %.

Die verbleibende Strahlung dringt kaum weiter als 30 cm tief in die Schneedecke ein, abhängig von der Größe der Schneekristalle (je kleiner, desto weniger tief). Die meiste Strahlung wird schon in den obersten Zentimetern der Schneedecke absorbiert. Wo man in den frühen Morgenstunden nach einer klaren Nacht noch sehr sichere Verhältnisse mit einer oberflächlich verharschten Schneedecke vorfand, herrscht wenige Stunden später eine absolut kritische Lawinensituation.

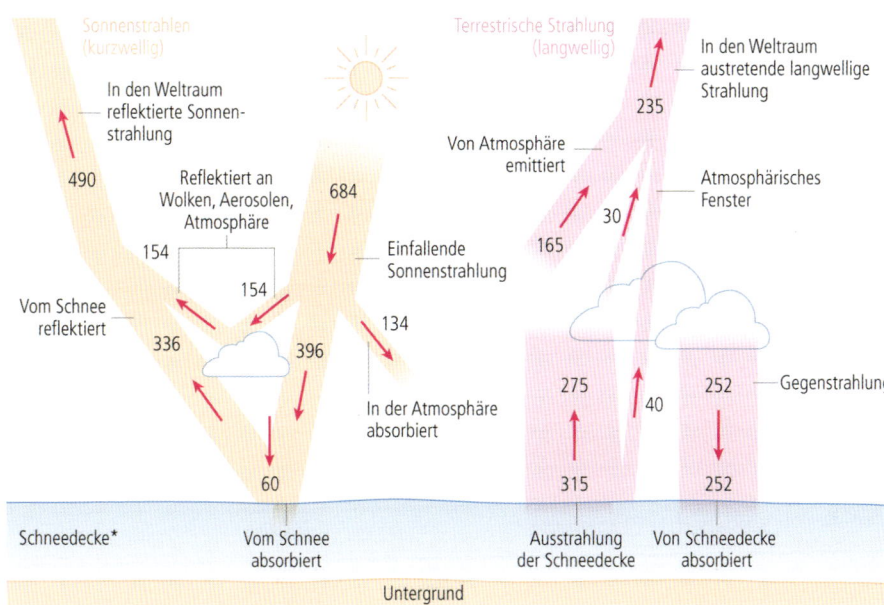

* mit 0°C | Tirol | Februar | leicht bewölkter Himmel   Alle Werte in W/m² um die Mittagszeit

Beginnend mit den Ost- und Südosthängen sorgt die im Tagesverlauf rasch ansteigende Lufttemperatur in Kombination mit der zunehmend stärkeren Sonneneinstrahlung für ein Aufweichen des tragfähigen Harschdeckels und damit einen raschen Festigkeitsverlust der Schneedecke.
Besonders schnell verläuft dieser Prozess, wenn zusätzlich noch hohe Luftfeuchtigkeit beobachtet wird. Sie sorgt für weitere Durchfeuchtung der Schneedecke, denn es findet keine Verdunstung statt. Plötzlich beginnt ausgedehnte spontane Lawinenaktivität. Falls die Schneedecke schon bis zum Boden durchfeuchtet ist (Schneetemperatur in allen Schichten bei 0°C), brechen diese Lawinen auch bis zum Boden durch und können dann große bis sehr große Ausmaße erreichen (Grundlawinen).

Diese Situation einer durchfeuchteten bzw. oberflächlich angefeuchteten Schneedecke ist die einzige, bei der Wind einen günstigen Einfluss haben kann. Wenn dieser über die Schneeoberfläche streicht, trägt er zur Verdunstung und damit zur Abkühlung und in Folge zu einer leichten Verfestigung bei. Meist entsteht dabei eine glänzende, sehr dünne Eisschicht – der sogenannte Firnspiegel. Je trockener die Luft ist, desto stärker ist die Verdunstung.

Nachdem Verdunsten etwa acht Mal so viel Energie benötigt wie Schmelzen, wird der Schneedecke beim Verdunsten viel Energie (Wärme) entzogen, sie kühlt ab und verfestigt sich. Deswegen sind die Firnbedingungen nach einer klaren Nacht und bei trockener Luft deutlich besser und halten zudem länger an als bei hoher Luftfeuchte!

lawine grießkopf.

Lawine. Eine achtköpfige Tourengruppe aus Deutschland steigt am 12. 3. von Kaisers im Außerfern auf den Grießkopf. Während ein Teil der Gruppe bei dem unterhalb des Gipfelhanges gelegenen Kaiserjochhaus bleibt, erreicht der Rest gegen Mittag den Gipfel. Als der Gruppenführer als Letzter um ca. 12:30 Uhr in den Hang einfährt, löst er eine nasse Schneebrettlawine aus. Er wird mitgerissen und verschüttet. Die übrigen Tourenteilnehmer befinden sich zum Zeitpunkt des Lawinenabgangs außerhalb des unmittelbaren Gefahrenbereiches. Trotz rascher Kameradenbergung überlebt die Person den Lawinenabgang nicht.

Kurzanalyse. Dieser Lawinenabgang bildet den Auftakt einer Phase erhöhter Auslösewahrscheinlichkeit von Schneebrettlawinen durch die beginnende Durchfeuchtung der Schneedecke. Dies betrifft in den schneearmen nördlichen Regionen Tirols, wo sich auch der Unfallhang befindet, anfangs sehr steile Hänge im West- und Ostsektor zwischen etwa 2300 und 2700 m. Nach einer klaren Nacht mit geringer Luftfeuchtigkeit ist es den Tag über wolkenlos. Der Unfall passiert gegen 12:30 Uhr, als im oberen Bereich noch perfekter Firn vorzufinden ist. Dennoch: Die Strahlung ist zu diesem Zeitpunkt bereits sehr intensiv, die Temperatur hoch. Dies reicht aus, dass die Schneedecke in dem extrem steilen Hang zunehmend durchfeuchtet wird. Entscheidend bei diesem Unfall ist die geringe Schneeauflage auf einer in dieser Exposition vorhandenen bodennahen Schwachschicht. Erst durch den Wassereintrag wird diese Schicht – nach einer längeren stabilen Phase – wieder störanfällig. Das Beispiel zeigt einmal mehr, wie rasch sich im Frühjahr die Situation verschärfen kann. ▮

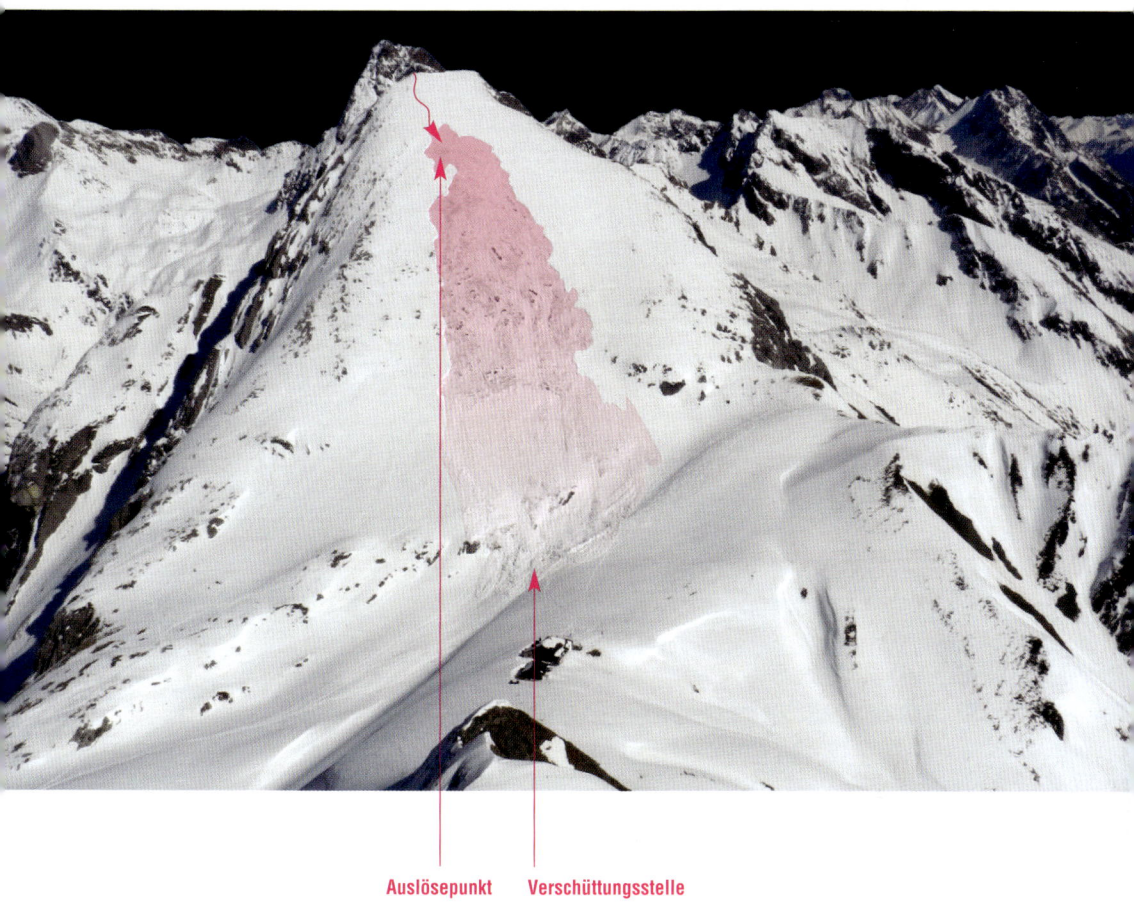

Auslösepunkt   Verschüttungsstelle

Wo Grießkopf / Außerfern / 2520 m / W-Hang / 45°
Wer 8 beteiligte Personen / 1 getötete Person
Wann 12. 3. 2014, 12:30 Uhr
Lawine Schneebrettlawine (nass) / L 300 m / B 30 m / Anriss 0,2–0,4 m / Verschüttung 1 m / 15 Min.
Regional gültige Gefahrenstufe 2 (mäßig)
Schlagzeile LLB Frühjahrssituation: Günstig am Vormittag, tageszeitlichen Anstieg beachten!
Lawinenproblem Nassschnee / Altschnee

lawine elmer muttekopf.

Lawine. Elf Tourengeher steigen in den Lechtaler Alpen über das Schafkar in Richtung Elmer Muttekopf auf. Der letzte Abschnitt der Tour führt unterhalb eines stark überwechteten Grates über einen sehr steilen Hang zum Gipfel. Die Gruppe hat sich während des Aufstiegs etwas aufgelöst, sodass sich einige Personen bereits im Gipfelhang befinden, während andere in unterschiedlichen Abständen ihrer Spur folgen. Plötzlich bricht oberhalb der Aufstiegsroute eine Wechte. Durch deren Zusatzbelastung löst sich in Folge eine Nassschneelawine, die einen der aufsteigenden Tourengeher mitreißt und total verschüttet. Sofort setzen die anderen Tourengeher einen Notruf ab und beginnen mit der Suche. Trotz rascher Ortung und Bergung wird der Wettlauf mit dem Tod verloren.

Kurzanalyse. Seit Mitte März bewirkt permanenter Wärmeeinfluss eine zunehmende Durchfeuchtung der Schneedecke. Dies trifft auch für den sehr steilen, nach Osten ausgerichteten Unfallhang zu, in dem die Altschneedecke bereits bis zum Boden hin feucht bzw. nass ist. Die dem Unfalltag vorangegangenen Tage sind unbeständig mit Regen bis etwa 1700 m hinauf. Am Vortag setzt sich allerdings Hochdruckeinfluss durch, sodass die Schneedecke während einer klaren Nacht oberflächig gut auskühlen kann. Die Gruppe ist frühzeitig unterwegs und bewegt sich auf einem tragfähigen Harschdeckel in Richtung Gipfel. Wechten sind zwar offensichtliche Gefahrenzeichen, Wechtenbrüche allerdings – ähnlich den Gleitschneelawinen – nicht vorhersehbar. Der Unfall muss deshalb auch in die Kategorie „Pech" eingeordnet werden, denn erst die abgebrochenen Wechtenteile lösen die Nassschneelawine aus. ∎

Verschüttungsstelle

Wo Elmer Muttekopf / Arlberg – Außerfern / 2220 m / O-Hang / 40°
Wer 11 beteiligte Personen / 1 getötete Person
Wann 1. 4. 2005, 9:00 Uhr
Lawine Schneebrett (nass) / L 200 m / B 30 m / Anriss 2 m / Verschüttung 1 m / 15 Min.
Regional gültige Gefahrenstufe 2 (mäßig)
Schlagzeile LLB Vermehrtes Auftreten von Lockerschneelawinen
Lawinenproblem Nassschnee

happy end
noch mal gut gegangen

Die Lawinengefahr richtig einzuschätzen stellt ein komplexes Unterfangen dar. Dies gilt sowohl für Profis wie für jeden einzelnen Wintersportler. Zwar liefern Lawinenwarndienste inzwischen dank eines umfassenden Informationsnetzwerkes ein ziemlich realitätsnahes Bild der Situation und unterstützen dabei Wintersportler und Entscheidungsträger, ein 100-prozentiges Abbild der Natur kann und wird es aber wohl niemals geben. Dementsprechend ist auch in Zukunft – so lange es Schnee auf den Bergen gibt – trotz eines ausgefeilten Risikomanagements mit Lawinenereignissen zu rechnen. Was bleibt ist ein gewisses Restrisiko bzw. der Umgang mit Unsicherheit. Für die einen stellt dies das notwendige Salz in der Suppe dar, für die anderen ein in Kauf zu nehmendes Übel. Tatsache aber ist, dass die Zahl der Lawinentoten seit Jahren rückläufig ist – und das bei einer wachsenden Zahl von Skibergsteigern und Variantenfahrern. Die Gründe dafür sind vielschichtig: So kann beispielsweise die Tätigkeit der Lawinenwarndienste genauso ins Treffen geführt werden wie die bessere Sensibilisierung und Ausbildung der Wintersportler, die umfassenden Sicherungsmaßnahmen in Skigebieten oder aber die zunehmende, den Winter über ständige Verspurung des Geländes. In Summe passiert also relativ wenig, manchmal auch deshalb, weil Glück im Spiel ist und der Teufel doch auch mal schläft. Schläft er nicht, ist es gut, wenn man ihm zumindest bestens vorbereitet begegnen kann.

lawinen jamtalferner.

Lawine. Während eines Schönwetterfensters halten sich etwa 100 Personen im hinteren Talkessel des Jamtals im maximal mäßig steilen Gelände auf. Dort nehmen einige von ihnen ein deutliches Setzungsgeräusch wahr. Kurz darauf lösen sich im Abstand von etwa 10 Sekunden vier, zum Teil große Lawinen. Zwei davon verschütten drei Personen. Glück und ausgezeichnete Kameradenrettung führen dazu, dass alle Personen rechtzeitig geborgen werden können.

Kurzanalyse. Die Tage vor den Lawinenabgängen sind stürmisch und neuschneereich. Innerhalb der Schneedecke findet man mehrere mögliche Schwachschichten – sowohl bodennah als auch in Oberflächennähe. Entscheidend für die primäre Lawinenauslösung scheint eine markante Graupelschicht zu sein, die sich innerhalb des Neuschneepakets abgelagert hat. Wichtig sind auch der stürmische Wind sowie die am Vormittag deutlich ansteigende Lufttemperatur. Beides bewirkt die Ausbildung eines großflächigen Brettes. Durch den Impuls der zahlreichen aufsteigenden Wintersportler dürfte irgendwo ein Bruch innerhalb der Graupelschicht samt Bruchausbreitung – möglicherweise auch im flachen Gelände – erfolgt sein. Dieser bewirkt einen weiteren, viel größeren Impuls auf die sehr großflächig vorhandenen bodennahen Schwachschichten, die ebenso brechen. Dieser Bruch setzt sich dann über mehrere Kilometer weit fort. Die Lawinenabgänge lassen sich schlussendlich aus einer Kombination verschiedener Lawinenprobleme und Gefahrenmuster erklären. Vorherrschend sind ein Neuschnee-, Triebschnee- und Altschneeproblem mit den dazugehörigen Gefahrenmustern gm.1, gm.6 und gm.9. ∎

Wo Jamtalferner / Silvretta / 2900 m / W-N-O-Hänge / 40°
Wer ca. 100 beteiligte Personen / 1 leicht verletzte Person
Wann 8. 3. 2017, 10:00 Uhr
Lawine Schneebrettlawinen (trocken) / L 600 m / B 300 m / Anriss 0,5–3 m / Verschüttung 1 m / ca. 10 Min.
Regional gültige Gefahrenstufe 3 (erheblich)
Schlagzeile LLB Angespannte Lawinensituation mit verbreitet erheblicher Gefahr!
Lawinenproblem Altschnee
Gefahrenmuster gm.1 – bodennahe schwachschicht; gm.6 – lockerer schnee und wind; gm.9 – graupel

lawine schafleitenalm.

Lawine. Ein einheimischer Skitourengeher trifft am Weg Richtung Rastkogelhütte bei der Schafleitenalm (Hochleger) zwei Schneeschuhwanderer. Kurz darauf löst er im wenig geneigten Gelände durch Fernauslösung ein kleines Schneebrett aus. Zu diesem Zeitpunkt befindet er sich unterhalb eines kleinen Steilhanges in Falllinie zur Schafleitenalm. Die Lawine erfasst den Skitourengeher und reißt ihn mit. Dabei kommt er kurzfristig total verschüttet direkt vor der Eingangstür zu liegen. Die Tür hält dem Schneedruck nicht stand. Folglich wird er weiter in die Hütte transportiert, wo er sich selbst aus den Schneemassen befreien kann. Inzwischen organisieren die Schneeschuhwanderer bereits Hilfe und beginnen am Lawinenkegel nach ihm zu suchen. Er kann die Hütte durch den Hauptausgang mit leichten Verletzungen selbständig verlassen. Der eintreffende Hubschrauber fliegt ihn ins Tal.

Kurzanalyse. Wahrlich eine kuriose Geschichte mit gutem Ausgang! Der Lawinenabgang ist einer von vielen, der um diese Zeit registriert wird. Drei Tage zuvor endet eine zweiwöchige Kälteperiode. Danach schneit es in weiten Teilen des Landes bis zu 50 cm, und das bei kräftigem Windeinfluss. Verbreitet findet man eine sehr störanfällige Schneedecke. So begleiten uns während unserer Erhebungen zwei Tage nach dem Unfall immer noch zahlreiche Risse und Setzungsgeräusche, als wir unsere Spur Richtung Unfallort ziehen. Die Setzungsgeräusche erklären sich durch das Entweichen von Luft aus einer hohlraumreichen Schwachschicht. Typisch für solche Situationen ist auch, dass Lawinen vermehrt durch Fernauslösung im wenig geneigten Gelände ausgelöst werden. Kennzeichnend sind auch spontane Lawinen, die selbst an kleinen Hangböschungen zu sehen sind. ▮

Aufstiegsspur

Wo Schafleitenalm / Tuxer Alpen / 1700 m / S-Hang / 35°
Wer 1 beteiligte Person, verletzt
Wann 18. 2. 2012, 11:50 Uhr
Lawine Schneebrett (trocken) / L 40 m / B 30 m / Anriss 0,4 m
Regional gültige Gefahrenstufe 3 (erheblich)
Schlagzeile LLB Heikle Lawinensituation mit verbreitet erheblicher Gefahr
Lawinenproblem Altschnee

MESSTECHNIK AUS ÖSTERREICH.
FÜR MEHR SCHNEE-INFORMATION

Unsere innovativen Schnee-Sensoren, Schnee-Messsysteme und Wetterstationen liefern kontinuierlich aktuelle und zuverlässige Daten. Sie dienen Lawinenwarndiensten und Zivilschutzeinrichtungen weltweit als Basis zur Gefahreneinstufung und Erstellung der Lawinenwarnberichte. Selbst hoch oben am Berg und unter extremsten Bedingungen - wie zB in der Antarktis.

Sommer GmbH
Strassenhäuser 27, A-6842 Koblach
Tel.: +43 (0)5523 55989-0
office@sommer.at
www.sommer.at

DIE FRANZ SENN HÜTTE auf 2147 m

Das Skitourenparadies in den Stubaier Alpen

www.franzsennhuette.at

JAMTALHÜTTE

Die moderne Alpenvereinshütte mitten in der Silvretta

Die Jamtalhütte ist eine der modernsten und bestausgestatteten Hütten in einem der schönsten Täler der Alpen mit einer einzigartigen Tourenvielfalt. Sie bietet den idealen Ausgangspunkt für Skitouren aller Schwierigkeitsstufen auf die umliegenden Zwei- und Dreitausender der Silvretta sowie einen optimalen Standort für Ausbildungskurse.

Die Hütte der DAV Sektion Schwaben wird in vierter Generation von der Familie Lorenz bewirtschaftet und blickt auf eine außergewöhnliche Geschichte zurück. Dies gibt der Jamtalhütte ein ganz besonderes Flair, das Gottlieb und Sabine Lorenz gern mit ihren Gästen teilen.

Tel.: +43 5443 8408 | info@jamtalhuette.at